实用宝石加工工艺学

中国地质大学（武汉）珠宝学院

包德清 编著

中国地质大学出版社

内容提要

此书从讲述宝石加工的基本方法入手，结合实践，由浅入深，全面介绍了小面型宝石、凸面型宝石及球型宝石的材料特征、设计要领、加工设备、加工工艺及实际操作技能，对宝石的特殊光学效应及形成机理作了重点剖析。在讲述小面型宝石的加工设备时，对我国使用得比较广泛的八角手的用途作了精辟的分析，使之用途与机械手对应。在小面型宝石一章中还提出了小面型宝石工艺评价的内容及标准，这对各加工厂家检验产品质量有一定的借鉴意义。在第七章中，指出了各种常见宝石的特征及加工要领，介绍了各种宝石的具体加工方法。此书可作为宝石学专业的学生及宝石加工技术培训的教材，也可作为宝石加工专业技术人员及宝石业余爱好者的参考书。

图书在版编目(CIP)数据

实用宝石加工工艺学/包德清编著.—武汉:中国地质大学出版社，1995.4 (2012.6重印)

ISBN 978-7-5625-0999-8

Ⅰ.实…

Ⅱ.包…

Ⅲ.①宝石②加工③设计④款式

Ⅳ.TS933

中国版本图书馆CIP数据核字(2007)第100142号

出版发行　中国地质大学出版社(武汉·喻家山·邮政编码　430074)

责任编辑　方菊　责任校对　徐润英

印　　刷　荆州市鸿盛印务有限公司

开本787×1092 1/32　印张7.625　字数162千字

1995年4月第1版　2012年6月第8次印刷　印数15 501—17 000册

定价:15.00元

前　言

本书是在总结前人资料并结合我院宝石加工教学与实践经验的基础上编写的，可以说，本书的出版是中国地质大学（武汉）珠宝学院全体同志多年辛勤工作的结果。

在本书的撰写过程中，自始至终得到了珠宝学院副院长颜慰萱教授（FGA）的亲切关怀和热情鼓励，亓利剑副教授（FGA）、陈秀琴副教授（FGA）、陈美华讲师（FGA）对有关章节进行了系统地审阅并提出了不少宝贵意见。

本书引用的设备图片，大部分由广州市粤饰珠宝设备工具仪器用品公司提供，图片的拍摄工作由中国地质大学（武汉）博物馆张凡同志完成，图件的清绘工作由中国地质大学（武汉）绘图室承担，书稿的清抄工作全部由中国地质大学（武汉）图书馆叶萍同志完成。

在此向以上专家、教授和同志们表示深切的谢意。

我国是一个玉雕大国，玉雕历史源远流长，在世界上素有“东方艺术”之美称，为人类创造了大批不朽的精品，其技术和工艺都有独到之处。而宝石加工在我国尚属一个新兴的行业，近几年的迅猛发展是其它任何行业所不能及的。但系统讲述宝石加工的技术性资料比较有限，人们对其需求与日俱增，正是在这种情况下，作者广泛收集相关资料并总结了多年的实践经验，编撰了这本《实用宝石加工工艺学》。

这是一本系统介绍宝石加工工艺的专著，它充分考虑了宝石加工工艺学的知识性和实践性，既有与宝石加工相关的理论知识的精辟论述，引导读者认识宝石原料的性质和特征，宝石设计的原理和方法，宝石加工的工艺和技术，又特别注重实践，教您如何选料、用料，根据不同宝石材料的不同特征，设计适当的款式，加工出最能体现宝石价值的成品。此外，还向您详细介绍了各类宝石加工设备和各种款式的宝石加工方法。

本书使用的术语尽量与中国地质大学（武汉）珠宝学院使用的英国宝石协会《宝石学教程》相一致，同时还介绍了相应的国内习惯叫法。

由于作者水平有限，书中不足之处在所难免，衷心希望宝石界同仁、教师及广大读者提出宝贵意见，以便修正。

作　者

编著者的话

《实用宝石加工工艺学》一书自 1995 年面世以来，为了满足读者的需要，已历经多次印刷。本人作为本书的作者，由衷地感谢读者的错爱，使该书在 12 年后的今天仍在社会上有旺盛的需求。

宝石加工工艺学是一门实践性很强的学科。加工技术的更新、加工工艺的改进都离不开宝石加工工艺的实践。本人自 1988 年开始从事宝石加工工艺学的教学和研究工作，在实践中不断探索和总结，并在学习和借鉴前人知识与经验的基础上完成了本书的撰写工作。注重实践是本书的一大特点，也是本书长期以来受读者欢迎的重要原因。

按照通常的做法，一本书的重印或再版应该经过必要的修改，及时补充一些新的知识。所以在该书重印时，本人都有这样一个愿望：希望对本书进行一些知识更新，将近年来宝石加工工艺学研究的新技术、新工艺和新成果在本书中反映出来，但是心有余而力不足。因为从 1997 年以后，本人已转入珠宝市场经营管理的教学和研究工作，离开加工工艺专业的时间太长。所以，本人要在这里申明的是，本书未能进行知识更新，不是本人对读者不负责任，实在是对这个行业不太了解，请读者谅解。

值得欣慰的是，这些年来，宝石加工工艺学的研究并未有实质性的进展，因此，本书仍是广大读者学习和参与宝石加工工艺实践的较为系统的参考书。

2007年7月28日

目　录

概　述

中国有句古话:玉不琢,不成器。古人将育人喻为琢玉,道出了宝石加工的难度。一块精美的宝石,只有经过匠心独运的构思设计,再通过宝石切磨师的精雕细琢,才能成为一件完美的工艺品。将材料加工成成品的过程称为宝石加工。其工艺及运用的研究称为宝石加工工艺学。

一、宝石加工工艺学的性质

宝石加工工艺学是宝石学的重要分支学科之一,其研究任务是从理论和实践两个方面探索如何改进宝石加工工艺,提高宝石加工的质量和效率,最大限度地体现宝石的色质之美。

宝石加工工艺学的研究需要以许多相关学科的知识为基础。我们在实际工作中可以接触到大量宝石原料。为了很好地利用这些原料,必须以晶体光学、宝石矿物学等方面的知识为指导,正确地认识和了解材料的性质,这样才能做到因料施工,因材施艺,最大限度地体现宝石的价值。宝石加工是一种艺术创作,它所生产的工艺品是供人们观赏和装饰用的,所以宝石加工必须以人们的审美观念和消费心理为基础进行创作,设计出独特的、新颖的款式,这样才能满足消费者的心理需求。此外,宝石加工工艺的研究还涉及到光学、力学、机械学原理等多个学科。

宝石加工工艺学是一门实践性很强的学科,很多技术都是人们从长期的生产实践中总结出来的。加工技术的改进,加工工艺的提高，加工设备的更新和完善，都需要在实践中不断地认识，不断地加以总结。从这一意义上说，宝石加工工艺学是在宝石加工的生产实践中产生、发展并逐渐趋于完善的。

总之，宝石加工工艺学集知识性和实践性于一体，是在总结多学科知识的基础上和在人类的生产中逐步发展起来的一门新兴学科。

二、宝石加工工艺类型

宝石加工是一种艺术创作，从艺术造型的角度来看，它可以分为两大类别。一类是建立在几何形体的排列组合的基础上的造型，如凸面型宝石、小面型宝石、球型宝石等，其特点是发挥宝石色质之美的优势，根据材料的特征选择恰当的加工形式，达到内在美与造型美的完美结合，将宝石的价值充分地体现出来。这种造型的宝石主要用于日常生活装饰，如戒面、项链、耳坠、胸坠、头饰、服饰等。

宝石加工的另一类别是以自然界中的人、物、景为基础的造型，亦即我们通常所说的玉雕工艺。其设计取材广泛，讲究因材施艺。通过匠心独运的构思设计，可以将一块材料加工成各种造型的人物、动物、花卉、花鸟、器皿等，也可以经加工后组装成盆景、屏风等工艺品，是宝石加工中难度最大的一种艺术造型。玉器雕琢工艺是我国传统工艺，由于其加工技术独特而成为一门单独的学科。

根据加工工艺和技术方法的不同，宝石加工工艺大致可划分为六种类型。

1. 小面型宝石加工工艺

顾名思义，小面型宝石是由若干组小面组合而成的几何多面体型宝石，需要使用适合研磨平面的钢性磨具来进行加工，加工设备的专一性较强，但加工工艺方法较为复杂，操作技术难度较高，是宝石加工的主要工艺类型，透明宝石材料多被加工成小面型宝石。

2. 钻石加工工艺

钻石加工工艺也属于小面型宝石加工工艺的范畴，但由于钻石是宝石中最珍贵的品种，也是宝石中硬度最大的宝石材料，因而加工难度是所有宝石中最大的，需要使用专门的设备和特殊的工艺方法来进行加工。正因为如此，钻石的加工工艺成为一种单独的工艺类型。

3. 凸面型宝石加工工艺

凸面型宝石主要是指表面为一凸形弧面的宝石，由于其表面形状为一弧形，需要使用特殊的磨具和柔性的抛光工具来加工，加工设备一般比较简单，工艺方法也比较容易。半透明－不透明宝石及具有特殊光学效应的宝石多被加工成凸面形宝石。

4. 球形宝石加工工艺

根据加工方法的不同，球形宝石可分为圆球和圆珠。由于大小不同，圆球和圆珠的加工工艺截然不同。圆球一般是单个进行加工，而圆珠可进行批量的机械加工。圆球的加工工艺主要用来制作较大的球形装饰物，而圆珠多用来加工珠形宝石项链。由于大小和用途的不同，圆球和圆珠的加工设备和工艺流程均不相同。

5. 异形宝石加工工艺

异形宝石是根据珠宝首饰设计的需要而加工一些异形和特殊形态的工艺品或首饰配件，其加工设备要因产品的特点灵活选用或者专门设计制造，加工工艺也随宝石特点和造型需要而灵活选择。

6. 玉雕工艺

玉雕工艺指玉器产品的雕琢工艺,所使用的加工设备主要是玉雕机和根据加工的需要而设计的各种形状的辅助磨具。玉雕雕琢工艺的手工特点很强,玉雕的造型千变万化,是一门创作性极强的手工艺技术,属于特种工艺。

三、宝石材料

除少数几种有机质宝石外,绝大多数宝石是矿物或岩石的一部分。据统计,自然界中已知的矿物在 2 500 种以上,可以用作宝石的材料大约只有 230 种,而常见的仅几十种而已。那么,什么样的矿物才能作为宝石材料呢?

(一)宝石材料的特征

宝石材料的特征是衡量宝石珍贵与否、价值高低的标志,矿物或岩石必须具备某些特征才能成为宝石。这些特征是:美丽、耐久和稀少。

宝石的美丽是指其颜色、质地的美观。颜色是给人们的第一感觉,对于同种宝石来说,也是判断其档次高低的重要标志。宝石艳丽的颜色,纯净的质地,可以给人一种赏心悦目的感觉。宝石的美丽是由其内部因素和外部因素决定的。内部因素即材料自身的性质,主要是指其美丽的颜色和晶莹的质地,红宝石、蓝宝石、祖母绿等之所以能成为名贵宝石,一个重要原因就是它们色彩鲜艳柔美,质地晶莹剔透而备受人们珍视。外部因素即加工工艺,若加工技术精湛,加工方法得当,就能最大限度地体现出宝石的内在美,色彩将更加明艳照人,锦上添花,再加上新颖的款式,独到的镶嵌技术,宝石的美丽就能得以完美体现出来。所以,宝石的美是外在美和内在美的有机结合。宝石加工就是要在展示宝石外在美的基础上最大限度地挖掘其内在美，以最大限度地体现宝石的价值。

宝石的耐久特性是指宝石佩戴和保存时间的长久性，是针对宝石的硬度、化学稳定性和韧性而言的。多数宝石被用作首饰佩戴，随时都可能受到摩擦、碰撞和各种化学物质的腐蚀，因而宝石需要有较高的硬度、较好的韧性和较稳定的化学性质，大多数名贵宝石都具有这些特征，如钻石、红蓝宝石等。

一般来说，宝石材料的摩氏硬度不应小于7，但这并不是绝对的，若某些材料的美丽确有独到之处，硬度稍低一些同样可作为宝石材料使用。以欧泊为例，其摩氏硬度只有6且性脆，但它具有特殊的结构，当光线投射到其表面时，由于干涉和衍射作用而产生了色彩斑斓的变彩，这一效应使其身价倍增而成为受人喜爱的宝石。

宝石的稀少特性也是决定宝石价值的一个重要因素。它并不是宝石材料本质的特征，而是消费者“物以稀为贵”的一种心理反应。两种性质特征完全相同的宝石必然以稀少者更为珍贵。所以，尽管合成红宝石比天然红宝石的色彩艳丽得多，且其它特征也与天然红宝石相似，但其价格远远低于天然红宝石。宝石的这一特性与自然界的地质储量与开采量有着密切关系。宝石的储量越大，开采量越大，价格就越低。几百年前紫水晶在欧洲曾是珍贵的高档宝石，但后来在巴西发现了成吨开采的紫水晶矿，它很快就降为中档宝石了。

(二)宝石材料的类型

广义地说，宝石材料包括天然宝石(狭义)、玉石、有机宝石、合成宝石、人造宝石和仿造宝石。

狭义的天然宝石是指天然成因的矿物的单晶体。如天然金刚石，刚玉(红、蓝宝石)，石榴子石，绿柱石等。

玉石是指天然成因的矿物集合体。如翡翠、软玉、绿松石、孔雀石等。

有机宝石是指由活着的有机体的活动而产生的宝石。如珍珠和珊瑚是由动物的活动而产生的，琥珀和煤精则是植物化石的产物。

合成宝石是指具有与天然宝石相同的化学成分、原子结构和物理性质的人造产品。如合成红宝石、合成祖母绿、合成尖晶石等。

人造宝石是指人工合成的没有天然等同物的产品。如钛酸锶、钇铝榴石等。

仿造宝石也是人造产品，它用来模仿天然宝石的外观和效应，但不具天然宝石的化学成分、原子结构和物理性质。如红色玻璃仿红宝石。

不同的学者所持的观点不同，对宝石分类方法也不一样。以上介绍的仅仅是其中的一种分类方法。从宝石加工工艺学的角度，我们可以将宝石材料简单地分为几种类型。

1. 小面型宝石材料

小面型宝石材料是指透明的有色和无色宝石材料。包括各种天然成因的透明矿物晶体，如金刚石、刚玉（红蓝宝石）、金绿宝石、绿柱石、石榴子石、尖晶石、橄榄石、碧玺、黄玉、水晶等；合成宝石，如合成红蓝宝石、合成尖晶石、合成祖母绿、合成水晶等；人造宝石和仿造宝石，如立方氧化锆、钛酸锶、钇铝榴石、钆镓榴石、玻璃等。

2. 凸面型宝石材料

凸面型宝石取材十分广泛，早期的人类将除钻石以外的所有宝石都加工成凸面型宝石，如镶嵌在英国王冠上的两颗红宝石（后鉴定为红色尖晶石）——黑太子红宝石和铁木尔红宝石即为随形凸面型宝石。现在仍然可以说，所有宝石原料都可以用来制作凸面型宝石。但是,对于多数纯洁无暇、完全透明的宝石来说,将它们加工成凸面型宝石不能体现出其特有的璀璨夺目的光学性质的优势。所以,用作凸面型宝石的材料一般包括如下几类。

(1)含过多的包裹体和裂纹的透明宝石材料,切磨成小面型款式时不能发挥其优势。如某些红蓝宝石、祖母绿、金绿宝石、电气石。

(2)透明但颜色很深的宝石材料,切磨成小面型款式时亦不能发挥其优势,而选择某些凸面型款式时可能会改善其外观。如某些品种的石榴子石。

(3)所有半透明-不透明的材料。如翡翠、绿松石、青金岩、孔雀石、玛瑙。

(4)具特殊光学效应的材料。如具猫眼效应的绿柱石,具星光效应的红蓝宝石,具光彩效应的月光石,具变彩效应的欧泊石等。

四、宝石加工工艺的研究进程和发展趋势

人类对事物的认识总是从不知到有知、从感性认识到理性认识的,宝石加工工艺学的研究也是由浅入深,由低级到高级,不断向前发展的。

宝石加工业产生于远古时代的石器制造业,在中世纪(公元 1000—1500 年)以前的几千年长河中,我们的祖先在实践中懂得了如何切磨和抛光宝石,并不断地改进宝石加工工艺,为我们积累了丰富的宝石加工工艺的经验,创造出许多不朽的精品,为后人留下了宝贵的文化遗产,这是古代劳动人民辛勤劳动和智慧的结晶。中世纪末叶,科学技术的水平已具有相当的水准,相关学科的发展为宝石加工工艺学的研究奠定了理论基

础，使之逐渐发展成为宝石学的一个重要分支学科。古代劳动人民的加工技术在很大程度上都是实践经验的总结，虽然他们通过实践懂得了如何切磨和抛光宝石，但是缺乏理论依据。近百年来的宝石加工工艺学研究，运用了物理、化学及电子技术等多学科的研究成果，建立了一套宝石加工的理论体系，它们反过来又为改进宝石加工工艺服务，成为改进宝石加工工艺和技术的理论依据。

宝石的光学性质在宝石加工中的运用是宝石加工工艺学的一个重要研究课题，近百年的深入探索取得了巨大成就。人类早期可能加工出了具猫眼、星光等特殊光学效应的凸面型宝石，但对它们的形成机理可能一无所知或知之甚至少。当认识了宝石的光学性质之后，人们从矿物学和光学的角度对其形成机理进行了研究，这些研究成果反过来用于指导宝石加工的实践，从而能够发挥宝石的光学优势，按照正确的方法加工出各种具特殊光学效应的宝石；按照光线进入宝石后在其内部所发生的变化，并将研究成果运用于小面型宝石加工中，使小面型宝石产生了亮度、火彩、闪烁等一系列光学效应，这是近百年来宝石加工工艺研究所取得的巨大成果之一。

宝石加工业产生于科学技术不发达的原始时期，同其它生产工具一样，早期的加工设备十分简陋，全靠人力驱动，而后用水力作动力，继而使用蒸汽，有了电动机以后，宝石加工设备才有较大的改进，这是科学技术发展的产物。近百年来，宝石加工设备改进很快，专业化程度越来越高，而且精密程度大大地提高了，为加工高质量的宝石奠定了基础。尤其是近几年来，人们将现代科学技术成果（如超声波技术、激光技术、自动化技术等）运用于宝石加工业，制造了多种类型的现代化设备。宝石加工设备的不断改进和完善，提高了产品的加工精度，减轻了工人的劳动强度，大大地提高了加工效率。

磨料是宝石加工的重要辅料，自古以来，人类都很注重寻找更好的磨料，古代工匠使用河床中的细砂子作磨料，因为其既经济又随手可得，但其对硬度高的宝石材料来说，琢磨是无能为力的，琢磨硬度较低的材料效率也是很低的。尽管后来发现并使用了石榴子石粉、刚玉粉、金刚石粉等硬质磨料，但是它们产地有限且价格昂贵，满足不了加工业的需要，于是人们开始考虑制造人工磨料的可能性。

19 世纪末期(即 1891 年)，人类在电气灯中首次成功地合成了一种硬质磨料——碳化硅，称为“人造金刚砂”，其摩氏硬度为 9.25，可用于琢磨除金刚石之外的所有宝石。这种磨料能被制成各种粒度的磨料，还可以用来制造砂轮、砂布、砂纸等磨具，不同粒度的磨料可用于宝石加工的各工序中。因为其硬度高且价格低廉，所以，自它问世以来，在宝石加工中迅速得到普及。随后又相继研制出了“人造刚玉粉”、碳化硼等硬质磨料。人工合成钻石成功彻底解决了宝石加工工艺中的磨料问题。应该说，人造磨料的问世是宝石加工业的一场革命，它大大降低了宝石加工的成本，更主要的是，它降低了工人的劳动强度，提高了加工效率。

人类对科学的探索是永无止境的，20 世纪中期以后，人们又将冶金技术、电镀技术用于宝石加工业，制造出各种类型的钻粉锯片、钻粉磨具等，使宝石加工业向高质量、高效率、低劳动强度方向发展。

总之，宝石加工业的发展与科学技术的进步是休戚相关的，每项与宝石加工业相关的科技成果的问世都将导致宝石加工业的一场革命。如果没有电力工业的诞生，那么，宝石加工业将停留在人工作业的基准上；如果没有晶体光学、矿物学研究的新进展，人类也不可能加工出像今天这样的五光十色的宝石。所以，宝石加工业也是人类社会进步、文明的表现，是人类社会发展的必然结果。随着宝石加工工艺学的深入研究，宝石加工业将不断引进新的技术，发展新的工艺，向高质量、高效率的自动化方向前进。

五、我国宝石加工业的现状

20 世纪 80 年代以后，我国实行对外开放的战略方针，给我国宝石业注入了活力。从 20 世纪 80 年代末期开始，在我国形成了一股宝石热。在不到 20 年的时间，珠宝首饰成为大中城市的消费者购买首饰时的首选。据互联网上有关资料初步统计，20 世纪 80 年代初，我国珠宝零售总额不足 2 亿元，从业人员不足 10 万，珠宝企业不足千家；2001 年，珠宝零售总额达 800 亿元，从业人员 300 万，珠宝企业 3 000 家；而到了 2005 年，珠宝零售总额超过 1 000 亿元，居世界第二（美国第一，约 320 亿美元）。在珠宝市场空前活跃的背景下，作为珠宝产业链的重要组成部分的珠宝加工业也在发生深刻的变化，逐步形成了独具特色的各种加工基地。

1. 以珠宝产地为基础的特色珠宝加工基地

相对来说，我国是一个珠宝资源贫乏的国家，宝石资源比较有限，仅在辽宁、山东、河北、新疆、江苏、云南等地出产有限的宝石品种。当地政府充分利用宝石资源，发展宝石产业，兴办各种类型的宝石加工厂。如江苏东海以出产水晶而闻名于世，当地政府就地取材，利用当地的资源，兴办水晶加工产业，水晶的生产与销售成为当地的主要经济支柱。山东昌乐盛产蓝宝石（近年来产量在逐渐减小），在当地形成了以蓝宝石加工为主的特色加工产业；浙江的诸暨素有养珠的传统，在当地形成了以加工和销售养殖珍珠为特色的市场，产品远销国内外。

2. 以传统玉雕工艺为主的玉器加工基地

玉器雕琢是我国的传统民族工艺，我国在计划经济时期成立的工艺美术公司为继承这一传统工艺培养了一大批人才。在市场经济条件下，这一传统的民族工艺得以继承和延续，特别是在一些传统的玉雕基地，如河南的南阳、广东的广州、揭阳、四会、平洲等地，形成了以家庭作坊为主要特色的玉器雕琢产业。

3. 以满足国内市场需求为主要目的的钻石加工产业

改革开放以前，我国的钻石加工产业几乎是一片空白。20 世纪 90 年代以后，国内钻石市场需求旺盛，我国的钻石完全依赖于进口，为了填补国内钻石加工业的空白，钻石加工厂在我国应运而生。上海、青岛、广州、深圳等地先后兴办了规模各异的钻石加工厂。同传统的钻石加工业发达的国家和地区相比，我国的钻石加工业是一新兴产业，但工艺水平起点较高，钻石加工工艺在国际上处于领先地位，以致行内专业人士骄傲地说：世界上最好的钻石切工在中国。

4. 以出口为目的的宝石加工产业

在掌握一定技术的基础上，低档宝石的加工还是一个劳动密集型产业。为了发挥我国劳动力的优势，在一些地方兴办了以出口为目的的宝石加工产业。如广西梧州市，近年来形成了以加工立方氧化锆为主要产品的宝石加工产业，全市有大大小小的宝石加工厂 1 000 多家，从业人员超过 10 万，加工的立方氧化锆占世界产量的 30%，宝石加工已成为梧州市的经济支柱产业，也成为梧州周边农民的主要经济来源之一。

宝石加工工艺研究日益受到重视，各宝石加工厂注重在实践中总结加工经验，改进宝石加工工艺。随着我国宝石研究机构的建立，宝石加工工艺的研究水平正在向发达国家靠拢。总之，我国宝石加工业正呈现出一派欣欣向荣的景象。但是，我们也应该看到，同宝石加工业发达的国家相比，我国宝石加工业还存在着许多不足，在工厂管理、加工工艺、加工效率等方面还有明显的差距，特别是在宝石加工业的规模化、产业化方面还缺乏总体的规划，这与我国宝石市场的总体发展趋势是不相适应的。随着我国经济的高速发展，对珠宝首饰的需求越来越大，而作为为珠宝市场提供成品或半成品的宝石加工业必须与这种发展需求相适应。中国巨大的市场需求为宝石加工业的发展提供了契机，因此我们要重视宝石加工工艺学的研究，使我国宝石加工工艺水平尽快赶超世界先进水平。

第一章　锯　割

锯割是在锯机上将宝石材料分割成适当的形状及大小，以便宝石工匠合理地利用，一般为宝石加工的第一道工序。

我们在实际工作中所接触到的宝石材料，可直接用于加工的很少，大部分材料需要进行分割使之符合加工要求。锯割作业是分割材料最理想、最有效的办法，它不仅可以锯割出规整的形状，而且可以减少材料的浪费。特别是对于高档材料来说，如果没有其它更好的办法将材料分割开的话，锯割显得更加重要。

适合以锯割的方法将材料分割开的情况一般有以下几种：

（1）一些中低档宝石或合成宝石，其块度太大不适合于加工时。

（2）宝石材料的块度适中，但形状不规则需要修整时。

（3）宝石内部有明显的裂纹需要去除但又无其它方法分割时。

（4）宝石内部存在明显的包裹体，影响了宝石的美丽而需要去除时。

由此看来，在多数情况下，锯割作业是宝石加工中必不可少的工序，只有将材料修整成合适的形状和大小，宝石匠才能利用它。不同的材料视其块度的大小及贵重程度的不同，需要采用不同类型的锯机和锯片，一个总体原则是在锯割过程中尽量减少材料的损失。

第一节　锯　机

普通锯机构造大致相似，但根据它们用途的不同，外形和体积差别较大，大型锯机可以将数百千克重的玉料分割开，而精密小巧的宝石切割机可以切割重量仅几克拉（1 克拉＝0.2g）的宝石材料，这里仅介绍几种有代表性的锯机。

一、泥砂锯

在钻粉锯片未出现之前，泥砂锯被广泛地用于切割大小各异的宝石材料。在我国，泥砂锯的使用历史更是源远流长，直到科学技术高度发达的今天，这类锯机仍能解决许多实际问题。

我国古代泥砂锯的结构如图 1-1 所示，这种设备靠人力驱动。将松散的砂子和水加入锯片边缘，踩动脚踏板使锯片往复运动，在娴熟的操作下会很快将材料分割开，直到本世纪 50 年代，我国仍用这类设备雕琢玉器工艺品。

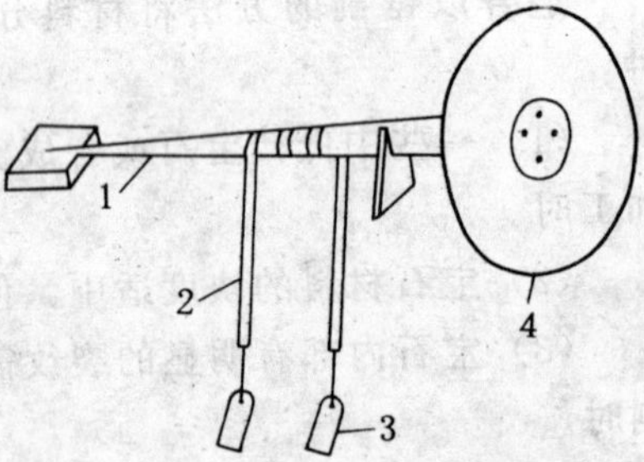

图 1-1　古代泥砂锯示意图

1. 锥形轴；2. 皮带；3. 踏板；4. 锯片

现代泥砂锯多以电动机作动力，使用更方便，切割效率更高。如果锯片以低速转动且不施加过高的压力，那么，泥砂锯可使用直径为 120～150cm 的锯片，这对一般锯机无法切割的大料是非常有效的。

对于直径超过50cm大料来说，用图1-1所示的大型泥砂锯可能也是无能为力的，必须使用圆锯片以外的其它方式锯割。利用木工带锯的原理制成的大型带锯式泥砂锯对于切割这类大料非常有用。

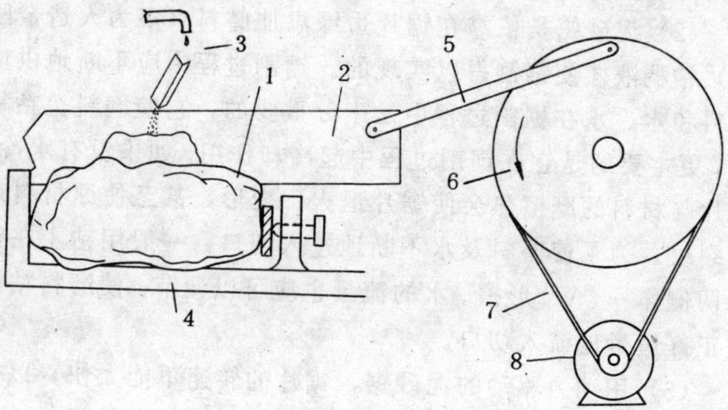

图1-2 带锯式泥砂锯

1. 原石；2. 锯片；3. 磨料与水；4. 原料固定系统；5. 驱动轴；6. 驱动轮；7. 三角皮带；8. 电机

这种装置的结构如图1-2所示，带锯的锯片用宽5cm左右的软钢制成，用木板制作一驱动轴，由于锯割时锯片的往复运动不能太快，因此，驱动轮的直径应比电机的皮带轮大得多。用三角皮带将电动机的皮带轮与驱动轮相连，并使驱动轴与锯片和驱动轮相连。电机转动，通过这一系列驱动装置带动锯片来回运动，并在锯口处不断地添加磨料及水，材料将会很快地被切开。

泥砂锯是早期宝石加工的切割工具，也是现今解决大料切割问题既经济又安全的方法，切割过程中必须注意以下问题：

(1) 原材料必须安放平稳。如果原材料稍有滚动或转动，就可能使锯片扭曲或卡住锯片，若使用带锯甚至会使锯条折断。如果不及时纠正，切割方向将发生改变而不能按预定方向将材料切开。

(2) 泥砂锯是依靠在锯片边缘添加磨料（多为人造金刚砂）粘稠液才使锯割得以实现的。锯割过程中应不断地供应磨料和水。水在锯割过程中是十分重要的，它使磨料呈粘稠状，更主要的是它在锯割过程中起冷却作用。如果没有水冷，锯片与材料的摩擦热会使锯片退火、变形，甚至使原材料产生裂纹。为了使磨料及水不断地进入切口，一般用粘土在锯片两侧作一"V"形槽。水的流量也应可以调节，使磨料粘稠液正好适量地流入切口。

(3) 用动力驱动的泥砂锯，锯片的转速不能太快，以保证锯片边缘携带的磨料粘稠液不会被甩落。使用带锯时，如果往复运动太快，则锯条可能被折断或弯曲。

(4) 锯割时使用的磨料一般是 100# ～200# 的碳化硅。

二、大料切割机

大料切割机是切割直径较大（10～15cm 或以上）的宝石材料的，一般分为开石机和切片机。

1. 开石机

开石机一般用来切割直径在 15cm 以上的材料。开石机的种类很多，图 1-3 所示的开石机具有代表性，它一般由动力及传动装置、进料装置、材料固定装置、冷却装置及控制装置等部分组成。

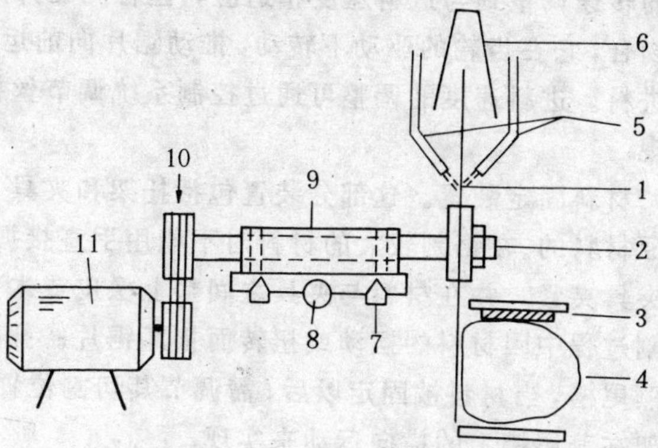

图 1-3　开石机结构简图

1. 锯片；2. 主轴；3. 夹具；4. 原石；5. 冷却液管；6. 防溅罩；7. 导轨；8. 丝杠；9. 底座；10. 皮带轮及三角皮带；11. 电机

（1）动力及传动装置。这部分包括电机、皮带轮、三角皮带、安装锯片的轴及轴承。电动机通常同锯片轴安装在同一底座上，底座底部带有“V”形槽及与进给装置的丝杠相匹配的丝扣，支撑在导轨上。电动机通过三角皮带及皮带轮带动锯片旋转，将动力传给锯片。锯片的转速是与电机转速相匹配的。

电动机是开石机动力的来源，根据所用锯片的大小，一般选用功率为 750W～3 000W 的电机。

装卡锯片的主轴一般较粗，因开石机一般用来切割大料，在切割过程中，轴受到的力很大，较粗的轴才不致于弯曲变形。

（2）进料装置。这部分装置主要包括电动机、齿轮和丝杠。电动机的转速很快，通过一系列的减速装置将驱动丝杠的齿轮的转速调整到与进料速度相适应，丝杠与锯片底座的丝扣相吻合，它在齿轮的驱动下转动，推动锯片向前运动，从而实现进料。进料速度的调整可通过控制系统调节丝杠的转速来实现。

(3) 材料固定装置。这部分装置包括托架和夹具，是用来固定原材料的。在锯割较大的材料时不能用手直接握着，必须使用夹具夹紧，并在材料与夹具之间垫上橡皮或木头，以防止锯割过程中因材料的摆动或扭转而损坏锯片。托架底部装有一燕尾槽，当材料被固定以后，需调节其切割位置时，可通过托架在燕尾槽上的横向运动来实现。

(4) 冷却装置。由水箱、电泵、导管等组成。水箱是装冷却液的容器，工作时，电泵将冷却液压入导管喷洒在锯片上，对锯片起冷却作用，同时带走锯屑并在切割过程中起润滑作用。

(5) 控制装置。这部分装置为开石机的中枢。它通过一电缆与主机连接，在控制台上可任意指挥切割机运转。如进刀、冷却、调节进料速度等，只需按动电钮，便可自动完成切割。

开石机是一种比较理想的开料设备，利用它可以将比锯片半径稍小的材料迅速切开。但其刀口较厚，对材料的损失较大，只适用于将块度大的材料改成小块，然后改用锯片厚度较薄的切片机进一步切割。

2. 切片机

切片机是一种体积较开石机小的切割设备，主要用来解决直径在10～15cm之间的材料的切片问题，其结构如图1-4所示，与开石机相似，所不同的是，切片机的锯片主轴一般是固定不动的，进料托架安装在一导轨上，托架一端悬挂一重锤，依靠重锤拖着托架在导轨上运动而实现进料。进料速度可通过改变重锤的重量来调节。紧固原料的夹板在燕尾槽内的横向运动可以调节切割位置及切片的厚度。锯片冷却一般采用浸润冷却方式。

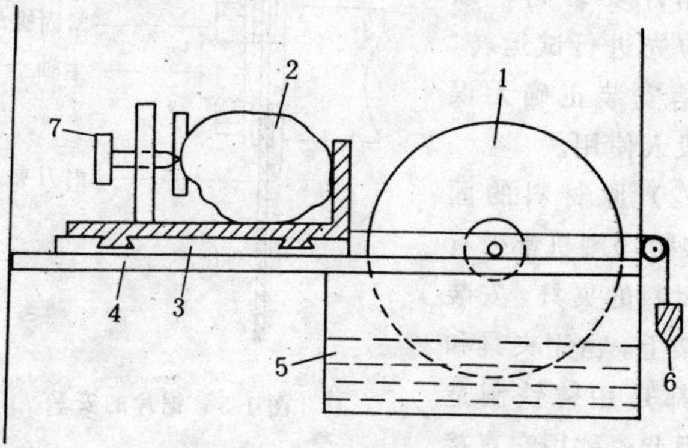

图 1-4　切片机结构简图

1. 锯片；2. 原石；3. 进料板；4. 导轨；5. 冷却液；6. 重锤；7. 夹具

大料切割机的操作应注意下列问题：

(1) 锯片的安装。按照设计，切割机的锯片应与进料路线平行安装，且锯片安装在轴上后必须同心。很显然，如果锯片不同心，锯割将无法进行。

如图 1-5 所示。锯片是由两片刀夹夹着固定在切片机的转动轴上的，内刀夹上有一与锯片内孔径正好相吻合的台阶——锯片轴，锯片的内孔必须套入锯片轴上。否则，锯片转动时将会偏摆或不同心，锯片的偏摆将使工作无法进行，而不同心很可能造成锯片的损坏，若是轻微的偏心，切割虽然也能进行，但是会导致锯片局部磨损严重，影响锯片的使用寿命。

安装锯片虽然是一简单的工作，但稍不留心也会出现麻烦。所以，锯片安装完毕以后，应先进行试运转，当确信安装正确无误后再投入使用。

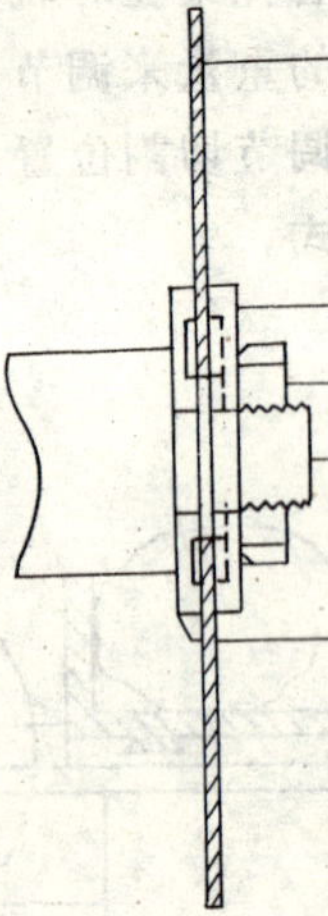

图 1-5 锯片的安装

（2）原材料的固定。多数切割机都带有固定材料的夹具，安装在托架上，由于夹具和托架都是用铸铁制造的。因此，欲用它直接夹紧坚硬的宝石材料实际上是不可能的，锯割中轻微的震动将会使材料很快地松动。如果材料出现翻滚或扭转，锯割将不能按既定方向进行，甚至还会使锯片变形以致无法工作。为了解决这一问题，通常在夹具与材料之间垫上一块木板，旋紧夹具的钳口，由于木板挤压变形，形成将材料紧紧“抱住”的趋势。这样，材料将无法松动。

若宝石材料的形状不规则，要夹紧将会更困难一些，在这种情况下，应当在其周围插上小木片以增加支撑点，支撑稳固之后再行夹紧。这一工作虽然繁琐，但十分必要，如果材料不夹紧，锯割过程中材料随时都有翻转或偏摆的可能，锯片将会扭曲或损坏，影响锯割工作的顺利进行。锯割大料的锯片十分昂贵，损坏锯片而造成的经济损失将是很难弥补的。

因此，在实际工作中应该十分注意这个问题。

(3) 冷却。锯片的冷却方式有两种：一种是将冷却液喷洒在锯片上，另一种则是将锯片浸入冷却液中。

大料切割机都带有一盛装冷却液的容器，喷洒冷却方式是通过附加的电泵将冷却液压入塑料管并直接喷洒在锯片上，同时，抽出的冷却液经由回路再流入容器中；浸润冷却是将锯片直接浸入冷却液中，冷却液除起冷却作用外，还有润滑锯片及清除碎屑的作用。

据冷却液的不同，冷却一般又分两种：一是水冷，二是油冷，两者各有优劣。

采用水冷，既经济又方便，一般使用自来水即可，随用随取，清洗设备比较方便，但它的润滑作用没有油好，而且接触水的锯片及机械部分容易生锈；使用油冷可以克服水冷的不足，但它同时又带来一些新的问题，油冷成本较高，而且污染材料和环境，多数材料不能使用油冷，而且油具有可燃性，容易发生火灾。

不管采用何种冷却液，操作中都应注意：如果是喷洒冷却，喷向锯片的冷却液必须具有一定的压力。因为锯片高速旋转时，在其周围将形成一股空气流，如果没有一定的压力，冷却液将会被空气流吹偏而不能洒在锯片上，这样就达不到冷却效果。如果采用浸润冷却，锯片浸入冷却液要有一定深度，一般应为锯片半径的$\frac{1}{4}$～$\frac{1}{3}$，浸入过深会使冷却液被锯片带起太多，影响观察切割过程，浸入太浅又会因空气流的影响而起不到冷却作用。

(4) 进料速度。锯割时采用合适的进料速度是十分必要的。如果进料速度太慢，就影响工作效率，而进料速度太快又会造成卡刀现象。那么，进料速度多少最合适呢？

锯割时的进料速度受多种因素的影响，如锯片的转速、直径，宝石材料的硬度、块度等。对于某一特定的锯机而言，锯片的转速和直径是固定不变的，进料速度的快慢取决于宝石材料的硬度和块度。一般地说，材料的硬度大，块度大，进料速度应慢一些。反之，进料速度可以加快一些。有经验的宝石切割师可以根据锯割时发出的声音判断进料速度是否应该进行调整。

宝石材料固定的松紧对进料速度影响很大，如果材料固定得不很紧，锯割过程中的推力和震动将造成材料的摇摆和滚动，从而增加锯片与材料之间的摩擦力使进料速度降低，材料的滚动会阻塞锯片，甚至会使锯片损坏。

(5) 切割操作。按照上述要求安装好锯片，将原材料牢固地固定在托架上，检查冷却装置工作是否正常。一切准备就绪后，使锯片进给至与原材料相距数毫米，然后，盖上机盖，开动电机使锯片旋转，启动电泵使冷却液喷洒在锯片上(浸润冷却应检查锯片浸入的深度)，继而按动进给控制旋钮使锯片向前进给，不久就会听到锯片切割原材料的声音。待切割片刻之后，停机检查锯割情况，如锯割路线是否在要求的方向上，材料是否松动等。作必要的调整之后即可开机继续锯割。

开始锯割时，进料速度可适当地快一些，但如果材料边缘不规则，应等锯片切入一定深度，否则锯片将出现图 1-6 所示的变形。随着锯割的深入，逐渐将进给速度调整至正合适的位置。

锯割过程中要自始至终地仔细观察锯割的进行情况，监听发出的声音是否正常，并不时地调整进给速度。一般来说，工作正常时，锯机发出的声音比较均匀。如果听到异常声音，应立即停机检查，找到出现故障的原因，将故障排除后方能继续工作。

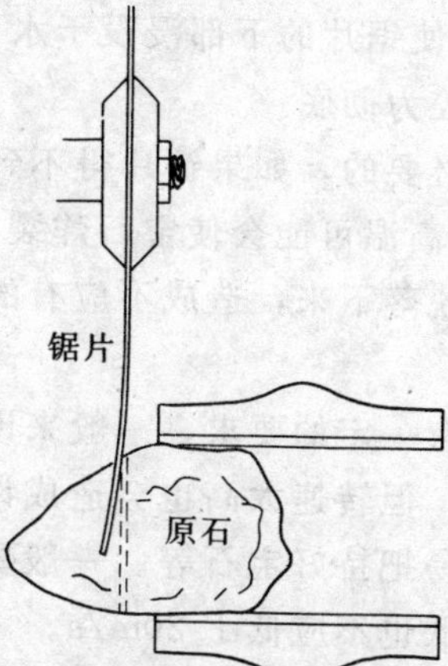

图 1-6 锯片的变形

图 1-7 宝石切割机

三、宝石切割机

一些宝石级材料，由于其块度较大（主要指中低档及人造宝石材料），或者内部有包裹体、裂隙等缺陷，或者形状不规则需要修整，而其它方法又不能解决时，需要用宝石切割机将其分割开。

宝石切割机的种类很多，有单刀的，也有双刀的，但结构大同小异。图 1-7 所示的宝石切割机为单刀切割机，其主要结构为一电机带动的轴，两片刀夹将钻粉锯片固定在轴上，使之与轴同步转动。切割宝石常用的锯片直径有 150mm、

110mm 和 100mm 三种，锯片厚度在 0.15～0.3mm 之间，直径大的锯片厚度也较大，刀基强度高，使用寿命长，但刀刃对宝石的损失率较高，所以在切割贵重宝石时，一般需要使用较薄的锯片，以尽可能减少刀刃对材料的损失。

锯片之下设有一水箱，工作时使锯片的下部浸没于水中，这是一种较好的冷却方式，冷却较为彻底。

切割宝石时冷却锯片是十分必要的，如果锯片得不到很好的冷却，高速切割中产生的瞬时高温可能会使宝石炸裂，并使固着在刀口上的钻石粉过早地脱落下来，造成不应有的损失。

切割宝石时，对锯片的转速有一定的要求，一般来说不应太低，转速太低影响切割效率，但转速太高也会造成许多麻烦。如影响锯片的冷却；手不易把持好宝石等。一般要求锯片刀口的线速度为 30m/s，最低也不应低于 20m/s。

宝石切割看似简单，实际上是一个非常需要实际操作经验的工作，这对于切割大块宝石来说不会有深刻体会，因为大块材料一般都可平稳地放在工作台上，只要用力均匀，平直地向前推进，一般都不会出现问题。而大多数高档宝石材料，块度一般较小，且形状多不规则，切割时必须十分小心，以防材料偏转，损坏锯片，甚至折断宝石。在切割滚圆状卵石时，这种情况经常会发生，因其容易滚转，开始时尚比较容易掌握，但随着切割的深入，稍有转动即对锯片产生很大的阻力。这时手指将无法加以控制，就会出现损坏锯片的情况，最常见的是使锯片扭曲，甚至使锯片边缘破损以致不能再用。对于这种材料，最好的处理办法是在不影响宝石成品重量的前提下，在底部磨出一个小平面，以便其能平稳地放在工作台上。如果不能作这种处理，也可将宝石粘结在一物体（如小木棒、金属杆等）上进行切割。

由于小块宝石材料的锯割困难很多，因此，一些设备制造厂家在所制造的宝石切割机上装上一小型夹具，将宝石材料夹于其上进行切割。这样，安全系数就大大提高了。

此外，用手握着宝石进行切割时，一定要注意安全，在材料即将分割开时推力不要太大，推力太大，容易造成材料崩口，更主要地是可能切伤手指 。进料时要用力均匀，平直地向前推进，若用力不均匀，会使锯片弯曲变形，使用变形的锯片再进行切割时，将会造成很大的麻烦，即切割将不能按预定的方向进行，而是偏向一边，必然会造成材料损失。

四、多刀切割机

多刀切割机是近年来出现的一种新型设备，主要用来解决圆珠宝石的切粒问题。如果用单刀切割机切割珠坯，不仅效率低，而且精度不高，多刀切割机很好地解决了这一问题。

多刀切割机的结构如图 1-8 所示。在同一主轴上可以安装数块锯片，最多可达 20 余片，锯片间间隔有相同间距的刀夹，若需要改变材料的切割厚度，只需改变刀夹的厚度就可以了，为了方便切割不同尺寸的珠坯，通常根据需要在同一设备上配有一系列不同厚度的刀夹。

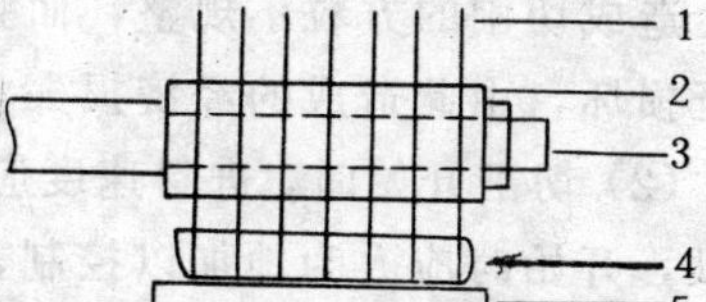

图 1-8　多刀切割机示意图

1. 锯片；2. 刀夹；3. 主轴；4. 石片；5. 托板

该设备的主轴转速为 4 000r/min，主轴一般是固定不动的，锯片之下为一托板，夹具系统安装在托板上，进料方式采用重力进给，即托板在一悬挂的重锤的拉力下向前进给，进料速度靠增加与减少重锤的重量进行调整。

锯片的冷却一般采用水冷，附加的电泵将水从水箱中抽出，喷洒在锯片上并通过回路流入水箱中。

如果预先将材料切成片料，再用多刀切割机切成方粒是十分有效的，片料通过多刀切割机切成条料，然后，旋转 90°再切割一次，条料便可被切割成数块方粒。一台多刀切割机的切割效率可以同数台单刀切割机相比。

除切条和切粒以外，该设备还可解决小块料的切片问题。为了将不成形的块料牢固地夹持在夹具上，可先将块料固定于成形的模具中（最好用石膏固定），固定牢固后连同模块一起进行切割，这样一次便可将小块料切成规则的片料，这对切割高档材料的珠坯（如绿松石、青金岩等）非常有效。

多刀切割机的操作比较简单，但要注意：

（1）材料一定要夹紧，如果在切割过程中材料松动，不仅会造成切割的方粒不规整，而且一次会使所有的锯片变形甚至损坏，由此造成的经济损失将是巨大的。

（2）切割开始时，进料速度应慢一些，因为是重力进料，所以，开始时应人为地加以控制，待所有的锯片都锯入片料后，方可解除人为控制。材料边缘的形状多是不规则的，如果开始时进料速度太快，那么，沿非垂直方向切入的锯片可能也会出现如图 1-6 所示的锯片变形而损坏的情况。

以上介绍了几种有代表性的切割设备，类似设备还有很多，但结构和功能大致都是相似的。

第二节 锯 片

锯片是切割宝石必不可少的工具之一。传统的泥砂锯使用的锯片非常简单，仅为圆形钢片做成，这种锯片的切割效率是相当低的。在当今，除钻石的切割尚有用类似的青铜锯片外，钻粉锯片已成为有关厂家切割硬质非金属材料的主要工具，其内径、外径、厚度、钻粉粒度都已形成系列。锯片的厚度从十分之几毫米至数毫米、直径从数十毫米至一米以上，可谓品种繁多。但从制作工艺上来看，可以将它们分为两大类：热铸锯片和滚压-电镀锯片。

一、热铸锯片

热铸锯片是将钻石粉与黄铜或其它金属材料的粉末相混合，将这种混合物压入一个特制的薄环内，经加热使粉末熔合，铸造成一圆环。然后，将此环焊接到一直径与环内径相同的金属圆片（刀基）上，这样就制成了一个热铸锯片。此种锯片厚度较大，一般在1mm以上，只适合于切割大块低档宝石材料。制作此类锯片一般选用50#～100#的钻石粉。

但是，由于这种锯片刀口厚度均一并且无间隙，因此，不能解决锯屑的排除问题，必须改进制作工艺。经过改进后的热铸锯片有两种类型，一种是分段铸造，如图1-9（a）所示。锯片的刀口是由若干段弧形薄片组成的，是分段热铸再焊接在刀基上而制成的。由于各段之间留有间隙，有利于清除锯屑；另一种类型如图1-9（b）所示，将钻石粉与黄铜粉或其它金属粉末熔合，铸压成形状相同的小片，在刀基边缘铣出若干个与小片相同大小的缺口，再将铸压的小片嵌入缺口中，

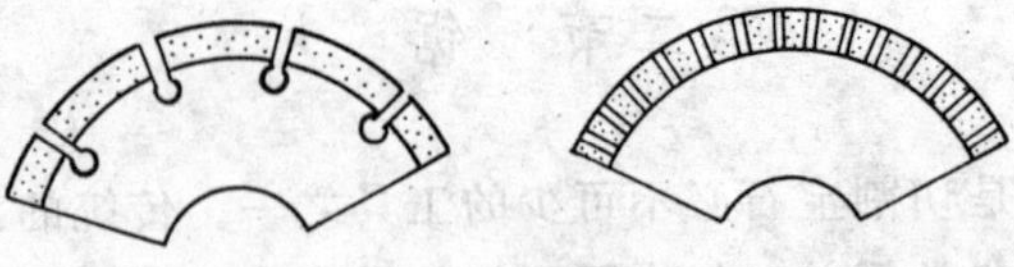
(a) (b)

图 1-9 热铸锯片

由于铸造的小片比刀基的厚度稍大，这样，锯割时锯口与刀基间存在一间隙，不仅有利于冷却液的进入，也有利于锯屑的排除。

热铸锯片直径一般在 200mm 以上，厚度一般在 1～4mm 之间，适合于锯割大块的低档宝石材料。

二、滚压-电镀锯片

相比之下，滚压-电镀锯片在宝石加工业中使用得最为广泛，因为其价格低，规格全，刀口薄，切割时对宝石材料的损失最小。

滚压-电镀锯片的制作工艺是：先将软钢材料冲压成外径 100～150mm、内径 20～50mm、厚度 0.15～0.3mm 的刀基，将若干片刀基叠在一起，外径内孔放置整齐，分组装卡，然后在铣床上铣出若干宽 0.15～0.25mm，深度为 0.7～1.1mm 间隔相等的小槽。将铣有小槽的刀基装入图 1-10 所示的滚压装置中，将粒度为 100#～150# 的钻石粉用少量的甘油调成糊状，并将其均匀地涂在滚压钢轮上，随着滚压压力的不断增大，铣槽将被钻石粉填得严严实实。滚压完毕之后，再将锯片进行电镀，使钻石粉牢固地附着在锯片边缘的铣槽中。

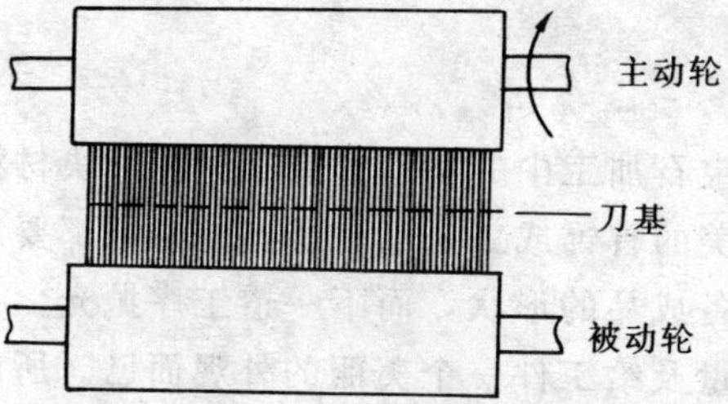

图 1-10　滚压装置

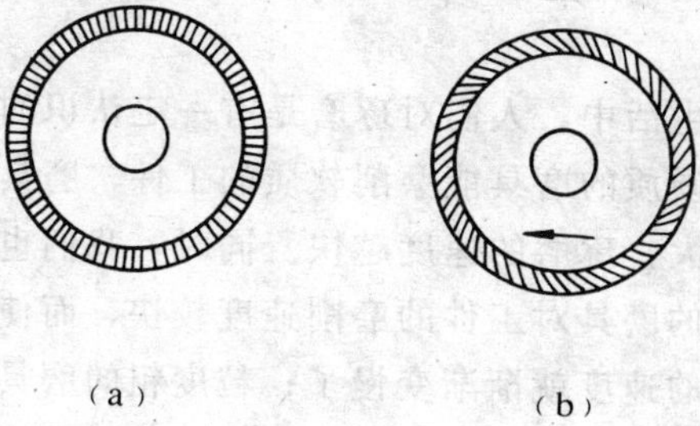

图 1-11　滚压-电镀锯片

这种锯片的铣口方向有两种。一种是与锯片外缘的切线方向垂直，如图 1-11 (a) 所示；一种与切线方向斜交，如图 1-11 (b) 所示。前者在使用时无方向性限制；后者则有规定的方向，即锯片旋转方向不能与铣槽方向一致，否则，锯片将容易损坏（图中箭头方向表示锯片的转动方向）。

第二章 琢 磨

琢磨是宝石加工中的一道重要工序。一块材料被加工成一件造型完美的首饰或工艺品，所有的余料都要通过琢磨去掉，使其具备成品的形状，而下一道工序抛光，只不过是修正琢磨的余量及给工件一个美丽的外观而已。所以，一件工艺品造型优劣与否的关键在于琢磨的质量。

第一节 琢磨机理

在实际生活中，人们对琢磨是有一定认识的，琢磨给我们的概念是硬质的磨具能磨削软质的工件，磨具与工件之间的硬度差越大，琢磨的速度越快。同时，我们也有这样的感觉，新启用的磨具对工件的磨削速度较快，而使用一段时间之后，磨削的速度就渐渐变慢了；粒度粗的磨具较粒度细的磨削得快；施加的压力大时磨削得快。为什么会出现磨削速度的差异呢？只要我们分析一下琢磨的机理，这些问题就一目了然了。

宝石的琢磨主要有两种方式：以松散的颗粒磨料琢磨和以固着的磨料琢磨。现代加工以后者为主。

松散颗粒磨料的琢磨，是通过将磨料（如碳化硅）加水制成悬浮液附着在某些工具（如铸铁平磨盘）上，对宝石进行琢磨。分布于磨盘与宝石之间的磨料颗粒，借助于琢磨时施加在宝石上的压力和磨盘本身的旋转，以及机械震动对宝石形成的冲击，使带尖锐棱角的磨料颗粒刺入宝石，对宝石表面进行破坏和磨削，首先在宝石表面形成裂纹层。(如图 2-1 所示)。随着磨料颗粒的继续滚动和对宝石的冲击，宝石表面的破坏层被除去，形成高低不平的凹凸层。裂纹层和凹凸层的大小取决于施加于宝石的压力、磨料的粒度、磨盘的种类、磨料与宝石之间硬度差异以及震动和冲击的幅度。一般来说，它们之间成正比关系。很显然，破坏层的深度越大，磨削速度越快。

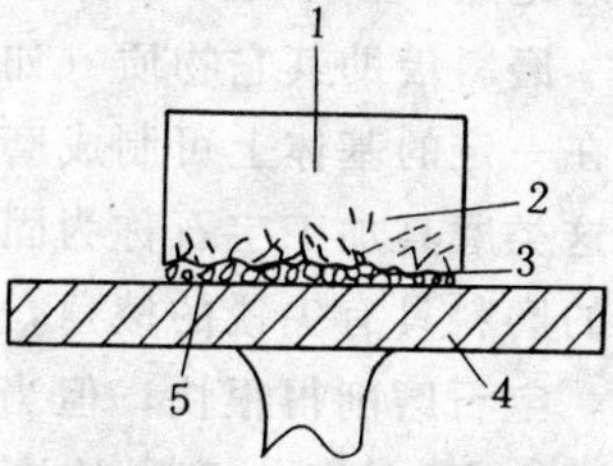

图 2-1 琢磨的过程

1. 原石；2. 裂纹层；3. 凹凸层；4. 磨盘；5. 磨料

琢磨时，宝石表面承受的压强是非常大的，这是因为磨具表面总不是理想平面，同时，磨料颗粒在不同方向上尺寸不同，颗粒大小也不均匀。即使考虑宝石表面的弹性变形，它也总是支撑在少量磨料颗粒上，这样造成了大颗粒磨料在琢磨中起先驱作用，形成较深的破坏层，同时也使琢磨过程中带有震动和冲击的性质（如图 2-2 所示）。而且由于磨盘的高速旋转，使震动和冲击作用加强了，宝石表面在震动和冲击力的作用下，使裂纹层不断地加深，伴随着内应

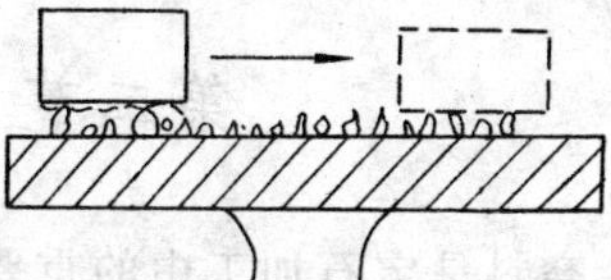
图 2-2 磨料粒度不均匀使磨削加快

力的施放，宝石表面不断地被挤出碎屑，宝石因此受到磨削。

磨料借助其它物质（如金属、树脂、陶瓷等结合剂）固着在一定的基体上可制成磨具，如钻粉磨盘，碳化硅砂轮等，用这类磨具加工宝石称为固着磨料琢磨，由于裸露于磨具表面的磨料具有尖锐的棱角，它们在宝石表面产生较深的破坏层，宝石磨削得很快，但当它们使用一段时间之后，尖锐的棱角少了，宝石与磨料的接触面积大了（即压强减小了），琢磨效率就会降低。

不论以何种方式琢磨宝石，都要加入冷却液。冷却液不仅起冷却作用，也对琢磨效率起促进作用。冷却液渗入破坏层的裂纹中，在摩擦热的作用下发生膨胀，尤其是琢磨某些硅酸盐类宝石时，还可能与水发生水解产生硅酸薄膜，其体积膨胀使裂纹进一步加大并使碎屑挤出的速度加快。

综上所述，琢磨作用主要是一种机械磨削，其中热的作用和水解作用加快了琢磨作用的进行。所以琢磨作用是一种综合效应，是物理、化学共同作用的结果。

第二节　磨　料

磨料是宝石加工中的重要辅料，它是一种具有一定硬度和韧性的粒状或粉末状物质，主要用于制作磨具和琢磨宝石。

一、磨料的特性

宝石加工中使用的磨料一般具有如下特性：

（1）硬度高。这是磨料最基本的特征，也是对其最基本的要求。一般来说，磨料的硬度不应低于被加工的宝石材料的硬度，因为只有这样，宝石材料才会受到磨削。两者的硬度相差越大，磨削的效率越高。金刚石在自然界矿物中硬度是最大的，其粉末是最好的磨料。

(2) 韧性好。不会因研磨压力而轻易地发生破碎。

(3) 有适当的自锐性。即在研磨压力的作用下，即使发生了破碎，但磨料的颗粒仍保持有尖锐的棱角。

(4) 熔点高。不会因研磨过程中产生的热量使磨料熔化或变软。

(5) 化学稳定性好。不会在加工中因发热或其它因素而发生化学变化，更不会与宝石发生破坏性化学反应。

二、磨料的粒度

对于同种磨料来说，有粒度的粗细之分，不同粒度的磨料用途各异。

磨料粒度的粗细是经过筛分出来的，即每种粒度的磨料有其大致的粒度范围（见表 2-1)，通常以筛孔数来表示。筛孔数大致与国内的“号”数或“目”数相当。所谓筛孔数是指某种磨料的粉末能通过每平方厘米有多少筛孔的筛子而不能通过下一级筛子。如 100# 的磨料是指这种磨料能通过每平方厘米有 100 个筛孔的筛子而不能通过每平方厘米有 120 个筛孔的筛子。磨料的粒度号越大，粒度越细。

三、磨料的种类

如前所述，磨料即硬质物质的粉末，所以磨料的种类很多，即凡是高硬度物质的粉末均可用作磨料，有天然的，也有人造的。宝石加工业中常用的仅如下几种：

1. **碳化硅** (SiC)

它是人工合成磨料中最早出现的一个品种，于 1891 年合成成功，称为“人造金刚砂”，迄今已有百余年历史。

表 2-1　磨料的粒度号及粒度尺寸对应表　　（单位：μm）

粒度号	粒度尺寸	粒度号	粒度尺寸	粒度号	粒度尺寸
12#	2000～1600	80#	200～160	W14	14～7
14#	1600～1250	100#	160～125	W10	10～5
16#	1250～1000	120#	125～100	W7	7～3.5
20#	1000～800	150#	100～80	W5	5～2.5
24#	800～630	180#	80～63	W3.5	3.5～1.5
30#	630～500	240#	63～50	W2.5	2.5～1.0
36#	500～400	280#	50～40	W1.5	1.5～0.5
46#	400～315	W40	40～28	W1	<1
60#	315～250	W28	28～20	W0.5	<0.5
70#	250～200	W20	20～14		

碳化硅是在电炉中熔炼无烟煤和石英砂而产生的，将它们的混合物加热至1920～2200℃，在高温还原条件下发生化学反应，即形成碳化硅晶体，形成的温度不同，生成的碳化硅颜色也不一样，故有黑碳和绿碳之分。黑碳是在炉内低温区（如炉的边缘）或温度升得不那么高时形成的，而绿碳是在高温区或温度升得足够高时形成的。碳化硅的摩氏硬度稍高于9，具有导电、耐高温、不受酸腐蚀等特点，常以松散的粉末使用或用来制作各种规格的砂轮、砂条、砂布等，可以用来琢磨除金刚石以外的所有宝石，更细者还可用于抛光。由于其用途广泛，价格低廉，很快在宝石加工行业中得到普遍使用。

2. 碳化硼（B_4C）

其也是一种电炉产品，是由氧化硼和沥青的混合物在2 800℃的高温、还原条件下发生反应而成。在碳化物人造磨料中，它的硬度最高，仅次于金刚石，用它作磨料琢磨黄玉（摩氏硬度为8），就像用金刚石琢磨刚玉（摩氏硬度为9）一样容易，碳化硼呈灰黑色，韧性比碳化硅好，但因价格比碳化硅高得多而很少被采用。

3. 天然及人造金刚石粉

用天然金刚石粉作磨料已有很长的历史，它是自然界中最硬的矿物，不论琢磨何种宝石都可以用它作磨料。质好的金刚石十分珍贵，常用作首饰且价格十分高昂，而其中的工业级金刚石，如不透明或瑕疵发育的金刚石通常经碾压成粉末用作磨料。天然金刚石发育有八面体方向的完全解理，磨料容易沿解理方向破裂，但有一种黑色隐晶质金刚石具有较大的韧性和硬度，适合于制作磨料。金刚石粉广泛地用于制作各种钻粉磨具，微粉则用于中高档宝石的抛光。

人造金刚石的合成研究始于很早的年代，可以说，自从科学家发现天然金刚石是由碳元素组成的时候，这项工作就开始了，但实验成功并投入工业化生产仅仅是30年以前的事。将石墨放入一种特殊的静电装置中，加入催化剂升温至1 500～2 000℃，升压至5×10^9Pa，石墨便转化为金刚石。合成金刚石的粒度很小，主要用来作磨料，具有与天然金刚石相同的性质，但性脆一些。人工合成金刚石的成功及运用，对宝石加工业来说是一场重要的革命，因为它的硬度是其它磨料无法比拟的，所以它大大降低了工人的劳动强度，提高了加工效率。

四、磨料的选择

磨料的种类很多，可供我们选择使用，对于不同硬度的宝石，琢磨时需选用不同种类或不同粒度的磨料。选择原则应从三个方面来考虑，即琢磨效率、琢磨工艺和节约成本。

制作锯片、磨具，也需要选择磨料，其选择标准大致为：

大锯片：50#～100#

小锯片：100#～150#

粗　磨：180#～280#

细　磨：400#～800#

精　磨：800#～1200#

抛　光：3200#以上。

第三节　磨具

磨具是用特殊的结合剂将硬质磨料固结在一起而制成的琢磨工具。由于磨具的外形、硬度、磨料粒度及结合剂种类不同，因此，它可以分为很多种。而常用于宝石加工中的磨具的磨料通常只有碳化硅及金刚石粉两种。

一、碳化硅磨具

用碳化硅制造的磨具又称人造金刚砂磨具，包括各种类型的砂轮、砂条、砂布、砂纸等。由于其硬度高、价格低、种类全，因此在宝石加工业中得到广泛运用。其中最常用的是碳化硅砂轮。

碳化硅砂轮有绿碳和黑碳两类，粒度从36#～320#，结合剂类型不同，性能亦不同，见表2-2。磨料固结强度有硬、软等级之分，见表2-3。硬度软者磨料颗粒易脱落，消耗快，琢磨效率高。硬度大者则相反。

表 2-2　结合剂类型及性能

结合剂类型	性　能
陶瓷结合剂	具有良好的耐水性、耐热性和化学稳定性，强度高，磨削效率高。但脆性大，剧烈震动下可能发生破裂，磨削高硬度宝石效率高。
树脂结合剂	强度高，有一定弹性，韧性好，耐热性和化学稳定性比陶瓷结合剂稍差。自锐性好，适用于快速磨削
橡胶结合剂	强度高，更富有弹性，自锐性好，但耐热性和化学稳定性差，很少用于宝石加工业

表 2-3　碳化硅砂轮的硬度等级

等　级		原“国标”代号		现“国标”代号
超软		CR	CR	D、E、F
软	软 1	R	R_1	G
	软 2		R_2	H
	软 3		R_3	J
中软	中软 1	ZR	ZR_1	K
	中软 2		ZR_2	L
中	中 1	Z	Z_1	M
	中 2		Z_2	N
中硬	中硬 1	ZY	ZY_1	P
	中硬 2		ZY_2	Q
	中硬 3		ZY_3	R
硬	硬 1	Y	Y_1	S
	硬 2		Y_2	T
超硬		CY		Y

由于碳化硅砂轮的结合剂、硬度、粒度和外形各有不同，

可供我们在加工中选择使用。在选购和使用时应注意：

1. *砂轮的选择*

宝石加工既要考虑加工效率，又要考虑经济、实用等因素。砂轮的结合剂类型、硬度不同，用途稍有差异，实际工作中常选用陶瓷结合剂和树脂结合剂的中硬砂轮。

砂轮在出厂时，其上一般标有磨料代号、硬度代号、磨料粒度、内外孔径及厚度，购买时应根据机型和用途加以选择。

2. *砂轮的转速*

在使用砂轮时，为了提高加工效率，常常要求砂轮有较高的转速。但转速太高，会因强大的离心力的作用以及震动等因素，很可能使砂轮破碎而飞出，造成设备损坏并危及操作人员的安全。因此，砂轮应带有防护罩。除应安装平稳外，还要控制其转速，较小的砂轮转速可高一些，较大的砂轮转速应低一些。一般地说，陶瓷结合剂的砂轮最大线速度应小于 35m/s，树脂结合剂的砂轮最大线速度应小于 40m/s。

另外，砂轮不能在水中浸泡时间过长。砂轮是由磨料和结合剂组成的，其中有许多气孔，如果浸泡时间太长，水将进入气孔及间隙中，使结合剂的结合力变小，结构变疏松，使用时容易破裂。

3. *砂轮的修整*

新购入的砂轮常有“失圆”现象，如果直接使用，边缘跳动十分严重，并会引起机器的剧烈震动；砂轮使用一段时间后，由于不均匀磨削也会使砂轮出现变形。这些情况会给加工带来很多困难，有必要对其进行修整。

修整砂轮需要专用的金刚石工具——金刚石刃修整器，它是在金属杆上一端嵌以金刚石晶体制成的。修整方法如图

2-3 所示。将修整器呈水平位置放在支架上，支架的高度应使金刚石刃所处的位置在砂轮中心水平线与修整点法线之间呈 10°～15°的角度。如果位置过高，会使修整器产生震动，起不到良好的修整效果。修整过程中应始终保持水冷，以防过热而损坏金刚石。开始时用力要轻，慢慢削掉突出部分，并使修整器左右移动，直至整个面平整为止。

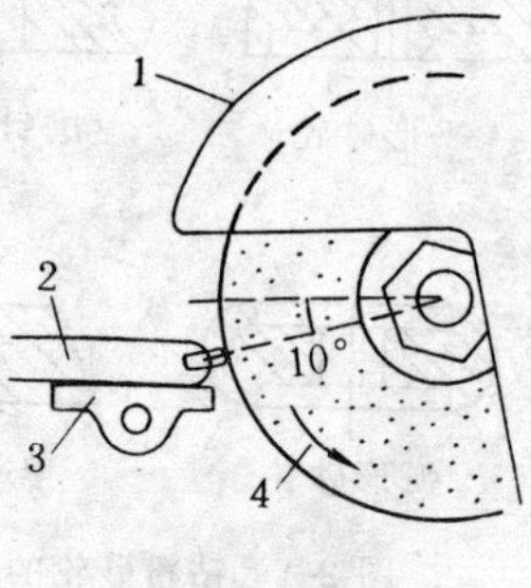

图 2-3　砂轮的修整

1. 防溅罩；2. 金刚石刃修整器；3. 稳定支架；4. 砂轮

如果没有金刚石刃修整器，使用废砂轮碎块亦可，但需用时间较长。这时切勿急于求成，用力必须轻而均匀，用力过大，可能导致砂轮破裂。

二、金刚石磨具

金刚石磨具是指用金刚石粉末制作的磨具，又称钻粉磨具。

金刚石磨具是近年来发展起来的磨具，也是目前宝石加工行业使用得最普遍的一种，其类型、规格已成系列，概括有砂轮、磨盘及各种特殊用途的异形磨具。

1. 金刚石砂轮

亦称钻粉砂轮，是用电镀或其它方法将钻石粉固着在金属基轮的外缘而制成的一种磨具。同碳化硅砂轮相比，钻粉砂轮具有切磨效率高，磨损小，强度高，加工精度高等优点，但其价格远比碳化硅砂轮昂贵，所以目前尚未得到普遍使用。

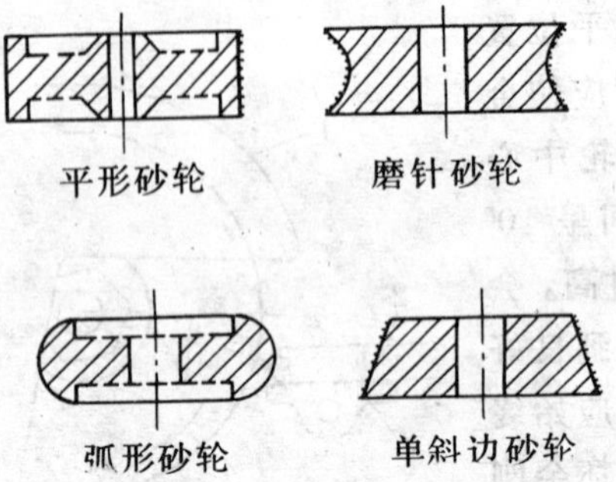

图 2-4　钻粉砂轮的外形

钻粉砂轮的外形如图 2-4 所示。其直径一般在 25～200mm 之间。钻粉粒度在 70#～320#之间，可根据实际用途加以选择。不论形状如何，钻粉砂轮的结构都是由钻石粉、过渡层和基体三部分组成的。如图 2-5 所示。基体一般为钢轮或其它金属。最外层的工作层由钻石粉和金属（如镍）结合剂组成，一般是用电镀的方法将钻石粉牢固地固着在基体表面。在基体与工作层之间有一过渡层，成分与固着钻石粉的金属结合剂相同，过渡层很薄，是在电镀钻石粉之前镀于基体上的，主要作用是提高工作层与基体结合的牢固度。

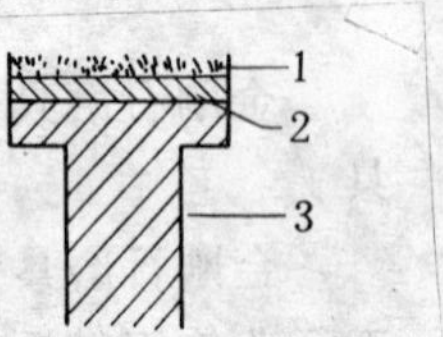

图 2-5　钻粉砂轮的结构

1. 钻粉层；2. 过渡层；3. 基体

尽管钻粉砂轮的使用尚不普遍，但其独特的性能是碳化硅砂轮不可比拟的。随着人们对加工精度和效率的要求提高，钻粉砂轮必然会成为宝石加工业所必需的磨具。

2. 金刚石磨盘

亦称为钻粉磨盘，是目前小面型宝石加工中使用得最普遍的一种磨具。在这种磨具未出现之前，小面型宝石的切磨是在铸铁盘上掷以松散的磨料来完成的，这种切磨方法不仅工作环境差，劳动强度大，而且效率相对也是比较低的，钻粉磨盘克服了这些不足，在宝石加工业中迅速得以普及，它不仅切磨效率高，而且平面度好，切磨出的小面外观规整，是切磨小面型宝石的理想工具。

钻粉磨盘的直径主要有150mm和200mm两种，钻粉粒度从120#～1200#均有生产，广泛运用于小面型宝石的造型、粗磨、细磨和精磨等各工序中，随着宝石加工业的实践深入，近年来生产的钻粉磨盘的质量越来越好。

同钻粉砂轮一样，钻粉磨盘的结构也是由钻石粉、过渡层和基盘组成，磨盘的基盘一般选用1mm厚的冷轧钢板，结合剂一般采用电镀镍，为了使钻粉层与基盘结合紧密，除应对基盘作净化处理外，还要在基盘上镀上一层镍，它在基盘与钻粉层之间起连接作用。电镀钻粉时，钻粉颗粒均匀地落在基盘表面，结合剂将钻石粉牢固地包住，制作磨盘时，控制好钻粉沉淀与电镀速度是关键。结合剂不能将钻石粉完全盖住，这样会使钻石粉的自锐性变差，影响琢磨效率。结合剂也不能太薄，否则，钻石粉会过早地脱落，影响磨盘的使用寿命，一般要求电镀层的厚度应达钻粉颗粒的$\frac{2}{3}$厚。

3. *异形磨具*

它是根据宝石加工的特殊需要而生产的外形特殊的磨具。异形磨具的种类很多，许多加工厂家根据工作需要自行设计，其制作方法有多种。电镀法比较常见，制作工艺、磨具结构与钻粉砂轮、磨盘大致相同，在此不另赘述。

第三章 抛 光

欲话说："货买一张皮"。这句话虽不全面，却道出了抛光在整个宝石加工过程中的重要性。抛光既是为宝石工艺品制造一个美丽的外表，也是体现宝石内在美的决定因素。因此可以说，如果抛光问题得不到很好的解决，那么，加工的任何宝石都无法体现其美丽，也无法体现其自身的价值。所以，抛光工艺一直是宝石加工工艺学研究的一个重要课题。

第一节 抛光机理

抛光工艺主要是除去被加工的宝石因前道加工工序留在表面的痕迹，以获得光滑明洁的光学表面，同时精确地修正宝石的几何形状，使其造型更加完美，更加符合设计的要求。

对抛光机理的认识是人们在实践中不断探索和总结得出的。宝石为什么会被抛光？抛光过程中究竟发生了什么现象？这都是引起人们长期争议的问题。对这些问题的解决，归纳起来有两种观点：

一个观点认为抛光仅仅是一种简单的精磨作业。

另一个观点认为抛光过程非常复杂，包含被抛光材料的面层流动。此面层流动是由于局部的抛光热所引起的反应，抛光面即是面层流动产生的一种非结晶面层。

前者是一种传统观点，它认为，宝石的抛光过程和研磨过程一样，都是以硬质磨料磨削宝石的表面，是研磨作业的继续，而抛光与研磨的差异仅在于：抛光是在更细的研磨剂的作用下进行的，抛光剂不断地磨削宝石的表面，将前道工序中留下的肉眼可见的擦痕逐渐磨掉，在宝石表面产生更细的微痕，当抛光剂将这些微痕磨到几乎不存在时，光滑的抛光面便形成了。这种观点在相当长的时间内占有统治地位。但它显然是有局限的，它不能解释某些软质抛光剂能够抛光比其硬度大得多的宝石的现象。如硅藻土（摩氏硬度为 6.5）是一种细腻质软的抛光剂，用它抛光摩氏硬度为 9 的蓝宝石却能够获得很好的抛光效果。

在 20 世纪初，英国物理学家乔治·托马斯·贝尔拜（G. T. Beilby）对抛光过程中发生的现象进行研究，其研究结果显示：抛光过程非常复杂，是被抛光材料面层流动的结果，抛光时由于局部的抛光热在被抛光表面微米数量级的范围内产生热塑性变形和流动，甚至是热软化以致熔融，产生一种非结晶面层，称为 Beilby 层。该面层就像一层清漆涂在宝石表面的微痕上。Beilby 的实验还可借酸蚀使其下面原有形状的擦痕再现来证实他的观点。据说该流动面层极薄，仅与分子尺寸相当。这种观点提出后的一段时间里，未能引起人们的注意。

到了 1937 年，另一位物理学家芬奇（G. I. Finch）先生利用电子绕射技术对抛光过程进行研究发现，除钻石以外的所有宝石最后的抛光，均是一种瞬时熔化及超显微表面突发性流动所造成的。简而言之，抛光是在宝石表面上引起一种液状面层的展开，导致最终的抛光。Finch 的研究进一步证实、补充和拓展了 Beilby 的研究结果，他通过对若干宝石材料的试验，按其对抛光作业的反应方式，将宝石材料分为四大类：

(1) Beilby 层保持非结晶的宝石，包括尖晶石、锆石等。这类宝石一般被认为是难以抛光的宝石，至少是抛光时容易出现麻烦的宝石。

(2)Beilby 层一般保持非结晶但稍后在主要结晶面(包括劈理面）上再结晶的宝石，包括缟玛瑙、青金岩、海蓝宝石等。

(3)Beilby 层形成后立即按其下面的构造再结晶的宝石，包括蓝宝石、石英等。

(4) 抛光中不形成 Beilby 层，主要指钻石，它似乎是自成一类的宝石。钻石的抛光可用不分级的钻石粉，而其它宝石的抛光，不管采用何种抛光剂，必须极细且粒度均匀。

支持 Finch 的理论的事实正是传统观点不能解释的问题，即一种极硬的宝石可用一种较软的抛光剂抛光。但这种理论又带来了新的问题，按照此种观点，抛光过程中宝石不会受到磨损，而事实证明经抛光后的宝石重量确实减轻了，这一点是 Beilby 的理论不能解释的。

关于抛光机理，仍是一个存在争议的问题，需要在实践中不断总结和完善。但从以上对抛光机理的解释中，我们可以得到两点启示：第一，抛光过程确实包含精磨作业，是在抛光工具与工件之间通过极精细、均匀的抛光剂的研磨作用下进行的，宝石的抛光面是在精磨的基础上得到的；第二，抛光过程中瞬时高温所产生的热量对宝石的抛光质量起着至关重要的作用，热量过大或过小对宝石的抛光均不合适，如何掌握抛光时宝石的发热情况，需要在实践中不断地探索和总结。

第二节　抛光剂

抛光剂是抛光过程中的主要辅料，将抛光剂与某些液体（如水、缝纫机油等）以一定的比例相混合，使之附着在抛光工具上与工件发生摩擦，如果操作方法得当，即可使工件抛光而显示出耀眼的光泽。

一、抛光剂的种类和特征

前已论及，抛光过程包含精细的研磨作业，从这一意义上讲，抛光剂就是一种极精细的磨料，因此，所有极精细的磨料均可作为抛光剂使用。目前使用得较广泛的除钻石粉外，主要是一些金属氧化物，如氧化铝、氧化铬、氧化铈等，一种理论认为之所以金属氧化物能够用作抛光剂，是因为它们大多具有较高的熔点和硬度，这种说法似乎有一定的道理，但并不全面，抛光剂的熔点和硬度对抛光效果有一定的关系，但必定还有许多其它未知因素对抛光效果起着重要作用。

下面介绍几种常见的抛光剂。

（1）钻石粉，也称为金刚石粉。化学成分为碳（C），纯净者为白色，一般为灰白色。将天然的工业级金刚石压碎成粉末，经过严格的筛分，即可制作出不同型号的钻石粉，极细腻者用于抛光。由于钻石粉具有很高的硬度，因此，无论何种宝石均可用它作抛光剂，且抛光效果好，效率亦高，但由于其价格昂贵，一般只用来抛光摩氏硬度在 7 以上的宝石，如红、蓝宝石、黄玉、电气石等。

钻石粉一般用缝纫机油调成糊状使用，近年来，也有将钻石粉与其它分散剂调配成糊状而制成的钻粉研磨膏出售，它在抛光中取得较好的效果，提高了钻石粉的利用率，也避免了调制钻粉糊的麻烦。

(2) 氧化铝，亦称铝氧粉、红宝石粉或蓝宝石粉。化学分子式为 Al_2O_3，因制备方法不同，纯度略有差异，其中多为人工合成刚玉经压碎而成。压碎的粉末经精密的筛分，颗粒大小非常均匀，红宝石粉为粉红色，其它多为无色。氧化铝不溶于水，广泛地用于除钻石外的各种宝石的抛光，尤其是与皮革或木制抛光工具配合抛光硬度较低的宝石，具有极好的抛光效果。

(3) 氧化铈，化学分子式为 Ce_2O_3，颜色为粉红带微黄色，易溶于浓硫酸或浓硝酸，不溶于稀酸或水，可用于抛光中硬度的脆性宝石，如水晶、橄榄石等，尤其是用来抛光除虎晶石以外的石英类宝石，可以取得令人满意的效果。

(4) 氧化铬，俗称绿晶、绿泥、铬黄等。化学分子式为 Cr_2O_3，深绿色，不溶于水，易污染工具、手指、衣物等，且不易洗净。其颗粒通常粗细不匀，抛光时易留下擦痕。多用于凸面型宝石、圆珠宝石等易剥蚀性宝石的抛光，尤其适用于与皮革配合抛光翡翠。由于它易污染，不适合于抛光那些有裂纹、凹穴和疏松多孔的宝石。

(5) 氧化铁，谷称铁丹。化学分子式为 Fe_2O_3，深棕红色，性质稳定，不溶于水，但溶于盐酸。粉末粒度在 0.25～0.75μm 之间，很细腻。氧化铁可用于多种宝石的抛光，但由于它易污染且抛光效果与其它性质相似但污染小的抛光剂相比并无优势，故很少使用。

(6) 硅藻土，化学分子式为 $SiO_2 \cdot nH_2O$，与石英相同。可用含硅藻结核的岩石压碎而成，经适当的分选后，品质极均匀、细腻，颜色为灰白色或微带黄色，微溶于温度较高的强碱溶液，易溶于氢氟酸或氢氧化铵的热水溶液，广泛用于玛瑙或其它中低硬度宝石的抛光，特别是它与锡或铝合金抛光工具相配合抛光蓝宝石效果很好，但效率不如钻石粉那样高。

二、抛光剂的选择

理论上认为，宝石的抛光效果与抛光剂的种类无关，而仅与操作人员的技术有关，从一定意义上讲，这是不无道理的。但是，在不影响宝石外观的情况下，如果既要获得好的抛光效果，又要求得高的抛光效率，就需要选择使用抛光剂。

一般来说，抛光剂的硬度应比被抛光的宝石的硬度大，这样，宝石表面的磨削速度快，抛光效率高。例如，用钻石粉和硅藻土抛光蓝宝石都可以取得令人满意的效果，但钻石粉的抛光效率要高得多。

有些抛光剂容易发生污染，不能用它们抛光多孔隙的宝石，如虎睛石、绿松石等，否则会影响宝石的外观。

另外，抛光剂与抛光工具的配合对抛光效果影响很大。对某一宝石来说，采用何种抛光剂才能获得最好的抛光效果，需要我们在实践中不断探索和总结。

三、抛光剂的存放

抛光剂是一种颗粒极均匀且极细腻的微粒，存放时应特别注意：

(1) 不同种类的抛光剂应分别存放。抛光剂有很多种，性质、用途各不相同，粒度粗细也有差异，所以，每种抛光剂应单独存放，并在容器外标明品名、粒度等，以免混淆。

(2) 盛装抛光剂的容器要密封，以防尘埃进入，并严格地与磨料隔离。抛光剂多数十分昂贵，尤其是钻石粉，如果稍不留意，将磨料或硬质碎屑混合其中，将会严重影响抛光效果以致使抛光剂报废，由此带来的经济损失将是惨重的。

（3）有些抛光剂为重金属物质，属剧毒物品，存放时应特别注意安全，尤其不能与食品放在一起。

第三节　抛光工具

抛光工艺是使抛光剂附着在某些抛光工具上使之与工件（宝石）发生摩擦而实现的，普通的抛光工具分为两类：一类用于抛光具弧面、球面及其它异形表面的工件，这些工件的抛光均是用软质材料制作的抛光盘或抛光轮，行业中称之为软盘；另一类是用于抛光具有规则几何平面的工件如小面型宝石，因为小面型宝石的抛光面应近似于一个理想平面，才能具有漂亮的外观，抛光这类工件（宝石）的抛光工具需用抗压力较强的材料，如金属、塑料、木头等制作的抛光盘。行业中将金属制作的抛光盘称为硬盘，而将木头、塑料、沥青等材料制作的抛光盘称为中硬盘。对于一些随形工件及球形工件的抛光，为了适应工业化生产，通常采用各种机械抛光，可大大提高加工效率，有关这些机械的原理及性能，将在相关章节中介绍，这里仅介绍几类常用的抛光工具。

一、软质抛光工具

通常，宝石加工行业将毛毡、皮革、毛呢等材料制作的软质抛光盘称为软盘。软盘抛光对提高抛光效率是十分有用的。我们知道，抛光面越大，越接近于理想平面，抛光就越困难，对一略带圆弧的抛光面来说，这一工作将会变得简单得多，人类最早的抛光工艺就是在软盘的基础上发展起来的，这主要是，软盘抛光宝石会使抛光面变成一个弧形表面，从而使抛光效率大大提高。但是，这又会带来一个新的问题，即抛光出的弧形表面会引起光学性质的变化，会使光线从宝石表面反射的光量明显减少，从而大大降低了宝石的亮度，这对小面型宝石来说是绝对不允许的。所以，软盘抛光仅适合于凸面、球面及其它不规则表面的抛光。

宝石加工行业中用于制作软质抛光工具的材料主要有如下几种：

1. 毛毡

抛光工具使用得最多的为上等羊毛压制而成的实心毛毡，可用来制作抛光轮及抛光盘，市场上出售的毛毡一般较软，可以将其压实后使用。用于制作抛光轮时，厚度也应稍大一些，以 2.5～5cm 为宜。制作抛光盘时，为防止厚度太大而引起盘面跳动，使用的毛毡应尽可能薄一些，一般以 0.5cm 厚为宜，用耐水胶或沥青将其粘在木质或铁质基盘上，经修整后便可使用，抛光时转速不宜太快，因盘面比较坚硬不利于抛光剂的附着，转速太快时，抛光剂易因离心力被甩落，而起不到抛光作用。一般以 600～800r/min 为宜，较大的抛光盘转速应更慢一些。在使用过程中，羊毛会很快地脱落，如果仅使用一个部位，在盘面上很快会出现一圈凹槽，所以，使用时应不停地变换宝石在抛光盘上的位置。

2. 皮革

用实心皮轮抛光玉器，在我国已有多年历史，广大玉雕工作者在这方面积累了丰富的经验。大体来说，任何皮革均可用于抛光，但以未经人工处理的牛皮、山羊皮最好。

皮革可用于任何宝石的抛光，尤其适用于具剥蚀性的材料，如翡翠、青金岩、蛇纹石、虎睛石等。

使用皮革抛光亦很经济，以单层皮革制成的抛光工具，一般要使用数月之久。但用它抛光也不是十全十美的，皮革抛光速度较慢，抛光时又以接近于干抛效果最好，而近干抛时易发热，这对耐热宝石（如翡翠）的抛光是十分理想的，而对非耐热宝石（如绿松石、孔雀石）来说就成了一个缺点。所以，使用皮革抛光盘抛光时，应根据不同的宝石调整其转速。但牛皮对抛光剂的附着力不是很强，故其转速最大不应超过1 400r/min。

3. 毛呢

毛呢也是宝石加工中经常用到的制作软质抛光工具的材料，在许多经营衣料的商店里均可以购买到，其中以编织得厚而密的毛呢为最好。制作的抛光盘用于抛光摩氏硬度在7以下的宝石效果很好且效率也高。毛呢抛光盘最大的缺点是使用寿命短，如果被抛光的工件有尖锐的棱角，很容易将其划破。

毛呢抛光工具在使用时，可先涂以抛光剂与水的稀释混合液，开动电机，将工件放入其上与其发生摩擦。毛呢对抛光剂及水分的附着性较好，抛光工件不致因发热而引起不良效果。如感到摩擦力逐渐增大，表明抛光面在逐渐变干，应及时补充水分。

软质抛光工具可以根据需要制作成不同形状，但常见的只有抛光轮和抛光盘。

抛光轮的制作比较简单，将以上材料的圆片中心固定于一轴上，经过简单的修整使之与轴同心便可以使用了。如果单片材料太薄，可以将多片叠加在一起使用。

抛光盘一般由面层和基盘构成，面层由毛毡、皮革、毛呢等材料制作，基盘可由金属、木头或其它材料构成。两者的连接方式很多，可以用胶合剂（如树脂胶、沥青等）胶接，也可以用铁钉钉住，还可以用钢圈绷于基盘上。

抛光盘的用途不同，表面状态也有所不同，一般有图3-1所示几种表面形状。

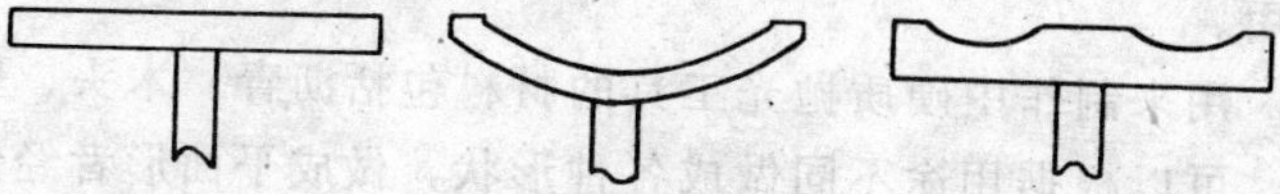

(a)平面形　(b)凹面形　(c)环形凹面形

图 3-1　软质抛光盘的几种表面形状

二、硬质抛光工具

硬质抛光工具是指用金属、合金材料制作的抛光工具，宝石加工行业中主要是指硬质抛光盘即硬盘。

硬盘是小面型宝石抛光中必不可少的工具。它具有导热性好、弹性差、韧性好、易修理、使用寿命长等优点，它抛光出的表面近乎理想平面，用于小面型宝石的抛光时，各组小面形状规整，外观漂亮，使小面对光线的反射能力明显增强，是其理想的抛光工具。

制作硬盘的材料很多，有金属材料如紫铜，而更多的是采用合金材料，以锡铅合金盘最为常见，还有铝合金盘和锌合金盘等。锡铅合金盘中，各种金属的配比不同，其硬度也不同，一般来说，硬度越低，抛光速度越快。但抛光效果的好坏还要看与抛光剂的配合情况。

三、中硬质抛光工具

中硬质抛光工具的特点介于软、硬质抛光工具之间，它兼收两者的优点，既可用于抛光小面型宝石，也可用于抛光弧面或其它任意形状的表面，且抛光效率高、效果好，其作用在宝石加工行业中得到广泛认可，所以，近年来被大量地使用。

用来制作中硬质抛光工具的材料包括沥青、木头、塑料等，可以根据用途不同做成各种形状，做成平面形者经修整后可用于小面型宝石的抛光，做成同心环状凹面形者可用于凸面型宝石的抛光，还可以根据特殊的用途而随意制作。

第四章 小面型宝石

所谓小面型宝石指的是其外轮廓由若干组小面围成的多面体形宝石。经过抛光的小平面称为小面，国内又有瓣面、棱面、刻面、翻面等叫法。小面型宝石的加工也有人称为车翻、磨棱、切磨。小面型宝石是目前透明宝石普遍采用的加工形式。它具如下特点：

（1）用料考究。只有透明无瑕的材料才能用于加工小面型宝石。

（2）加工难度大，需要精湛的加工技术和丰富的宝石学知识作指导。

（3）用途广泛。可广泛用于头饰、垂饰、手饰、服饰等。

（4）款式变化多样。

（5）外观奇丽无比。

小面型宝石是当今宝石市场上最常见的首饰饰品之一。

第一节 小面型宝石的光学性质

按照正确方法切磨的小面型宝石之所以奇丽无比，是由于光作用于宝石而产生的一系列奇异光学现象的结果。光一接触到宝石，这种作用就产生了。前面讲述抛光工具时，我们一再强调小面型宝石应使用硬盘抛光，这里将看到其重要性。为了讲清这个问题，我们有必要先回顾一下有关的光学基本知识。

我们知道，光线投射到物体表面时，其运动方向会发生改变，如反射和折射。

投射到物体表面的光线叫入射光线，从物体表面反射出来的光线称为反射光线。从光线入射或反射的物体的表面引一条垂直的虚线，称为法线，法线与入射光线之间的夹角（α）称为入射角，与反射光线之间的夹角（β）称为反射角。如图 4-1 所示。

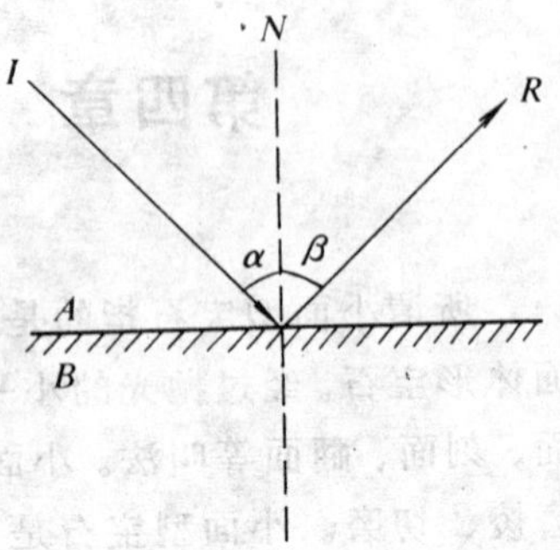

图 4-1　入射与反射

A. 光疏媒质；B. 光密媒质；R. 反射光线；I. 入射光线；α. 入射角；β. 折射角

它们遵循光的反射定律：入射光线、反射光线和法线在同一平面内；入射角与反射角相等。

反射是光线在同一媒质中的行为，而折射是光线在不同媒质间的行为。光线在不同媒质间传播时，传播速度不同，传播速度较大者为光疏媒质，反之称为光密媒质。

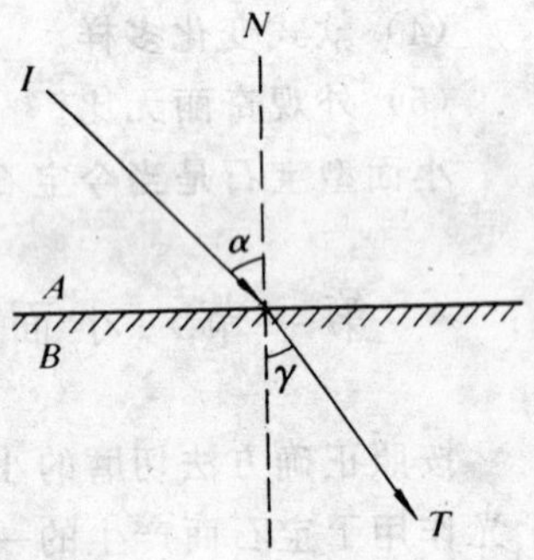

图 4-2　入射与折射

I. 入射光线；N. 法线；T. 折射光线；α. 入射角；γ. 折射角

光线从一种媒质进入另一种媒质时要发生折射，进入另一种媒质的光线叫折射光线，折射光线与法线之间的夹角（γ）称为折射角，如图 4-2 所示。

当光线从光疏媒质进入光密媒质（如从空气中进入宝石）时，折射角小于入射角，折射光线靠近法线方向，反之，光线从光密媒质进入光疏媒质时，折射角大于入射角，折射线偏离法线。

对于两种固定的媒质（如空气和宝石）来说，除了特殊情况（如光线垂直于媒质表面入射）外，光线从空气中进入宝石时都要发生折射，入射角越大，则进入宝石的光的折射角也越大。当光线从空气中几乎贴着宝石表面入射时，光线的折射程度最大，这时折射角也最大，所有进入宝石的光要么以这个角度折射，要么小于这个角度折射。以上讨论的是光由光疏媒质进入光密媒质的情况。

如图 4-3 所示。如将光的传播方向反过来，使光线由宝石

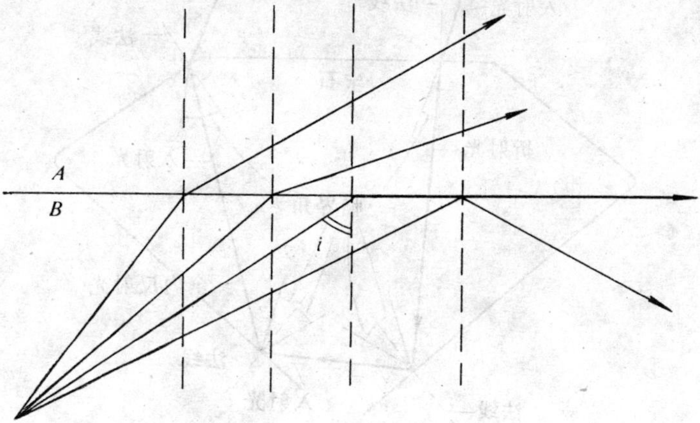

图 4-3　光线由折射转为全内反射

的内表面入射进入空气中，即光线由光密媒质进入光疏媒质，那么，入射光线的入射角只有小于该角（i）时才能从宝石中折射出来，大于该角的入射光线就不能穿过宝石发生折射，而是被反射回宝石内部。光线在宝石内部产生的反射，我们称之为全内反射，光线在宝石内部正好作全内反射的角度称为临界角。

认识光线在宝石中的这些行为是非常必要的，因为宝石工匠常利用临界角的知识决定采用何种比例和角度来加工一粒小面型宝石，才能使之产生理想的光学效应，如亮度、火彩等。

所谓亮度，是指光线从宝石的下部小面反射而导致的明亮程度，图 4-4 将有助于我们理解这个概念。

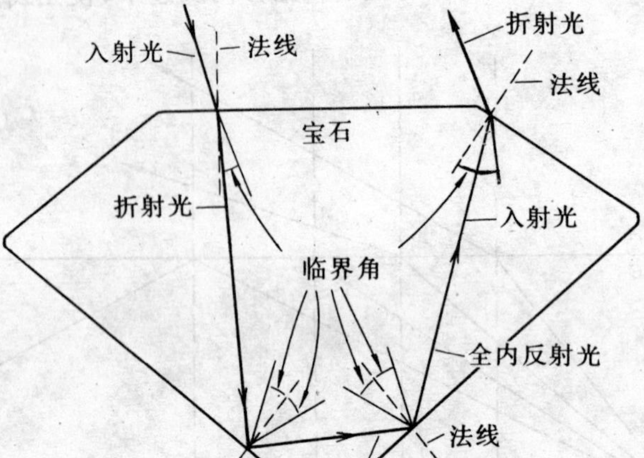

图 4-4 光线在宝石中的全内反射

如果我们已经知道了某种宝石的临界角，按照一定的角度切磨成小面型宝石，这一特定角度能使从宝石顶部入射的光线经底部小面的一系列反射，再从顶部穿透出。因为小面型宝石的切磨角度是按照临界角的要求来进行设计的，所以，大部分光线在宝石内部作全内反射后又从顶部射出，这样就增加了宝石的明亮程度，这种效应就叫做亮度。一粒切磨得好的钻石之所以具有很强的亮度，就是采用了合适的切磨角度，使进入钻石的大部分光线经全内反射后射到观察者的眼里。如果小面的角度切磨得不对，则进入宝石内部的光线因入射角小于临界角而不能发生全内反射，这样，光线将从底部穿透出去，这种现象叫做漏光。图 4-5 表示了发生漏光现象的两种情况。即切磨角度太大或太小即下部太深或太浅都会出现漏光。

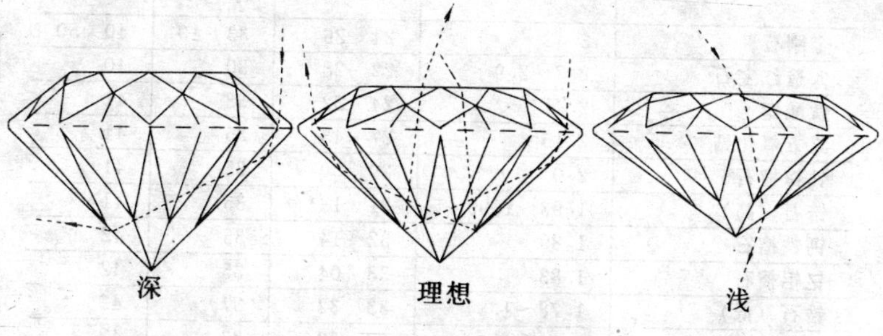

图 4-5　宝石的切磨角度对全内反射的影响

临界角的大小与宝石的折射能力有关，宝石对光的折射能力用折射率表示，宝石的折射率越大，光线在其中的传播速度越慢，折曲也越大，反之亦成立。宝石的临界角与折射率的关系可用下式表示：

$$\sin i=\frac{1}{RI}$$

式中：i 表示临界角；RI 表示折射率。

由上式可看出，宝石的折射率越大，则临界角越小，反之也成立。这就告诉我们一个道理：不同的宝石，如果折射率不同，临界角就不一样，切磨时就不能采用相同的角度，否则，将会出现漏光现象。例如，金刚石的折射率比水晶高，如果将两种宝石以相同的角度切磨，金刚石能产生很强的亮度，而水晶一定会漏光，因为金刚石的临界角比水晶小。

各种宝石的临界角及主要切磨角度见表 4-1。

表 4-1 宝石的临界角及主要切磨角度

宝石	折射率	临界角（° ′）	主要切磨角度	
			冠部（° ′）	亭部（° ′）
金刚石	2.42	24 26	33 10	40 50
人造红宝石	2.7～2.9	22 28	30	40
钛酸锶	2.41	24 32	33	41
立方氧化锆	2.15	27 43	35	41
钆镓榴石	2.0	29 30	35	41
锆石（高）	1.93～1.99	31 18	35	41
钙铁榴石	1.89	32 14	35	42
钇铝榴石	1.83	33 04	35	42
锆石（低）	1.78～1.84	33 32	37	42
锰铝榴石	1.80～1.82	33 32	37	42
铁铝榴石	1.78～1.81	34	37	42
刚玉	1.76～1.78	34 35	37	42
合成刚玉	1.76～1.78	34 35	37	42
镁铝榴石	1.74～1.76	34 56	37	42
红榴石	1.76	34 37	37	42
金绿宝石	1.74～1.75	34 56	37	42

续表 4-1

宝　石	折射率	临界角 (°　′)	主要切磨角度	
			冠　部 (°　′)	亭　部 (°　′)
钙铝榴石	1.74～1.75	34　56	37	42
蔷薇辉石	1.72～1.74	35　19	37	42
合成尖晶石	1.727	35　19	37	42
尖晶石	1.712～1.730	35　36	37	42
符山石	1.70～1.73	35　43	38	42
黝帘石	1.69～1.705	36　15	38	42
透辉石	1.67～1.70	36　39	38	42
锂辉石	1.66～1.68	37　03	38	42
橄榄石	1.65～1.69	37　12	43	39
红柱石	1.63～1.64	37　44	40	43
电气石	1.62～1.65	38	40	43
黄玉	1.61～1.64	38　09	40	43
菱锰矿	1.58～1.84	39　21	40	43
绿柱石	1.57～1.59	39　21	42	43
水热法合成祖母绿	1.567～1.58	39　38	42	43
熔剂法合成祖母绿	1.56～1.566	39　50	42	43
拉长石	1.56～1.58	39　54	42	43
石英	1.544～1.553	40　22	42	43
堇青石	1.54～1.55	40　26	42	43
琥珀	1.54	40　30	42	43
奥长石	1.539～1.547	40　31	42	43
钠长石	1.525～1.536	40　59	42	43
正长石	1.518～1.527	41　12	42	43
黑曜岩	1.50	41　49	42	44
莫尔道玻陨石	1.50	41　49	42	44
方解石	1.486～1.658	42　18	42	44
蛋白石	1.45	43　36	43	45
萤石	1.434	44　13	43	45

宝石的亮度与折射率有关，金刚石是一种高折射率宝石。

所以，它具有很高的亮度。而某些低折射率宝石，虽然经过切磨也不能显示最大亮度，这是因为它们需要一个非常陡的底部才能产生全内反射，这样深底的宝石作首饰，需要镶嵌一个很深的底座，可以想象，那将是一件不受欢迎的装饰品。

宝石的抛光工艺对其亮度影响很大，如图 4-6 所示。如果宝石表面抛光得粗糙不平，那么，不规则的表面将在各个方向上出现临界角，很多光线以小于临界角的角度投射到宝石的内表面而泄漏出去，即使一些光线能产生全内反射，光线从宝石的顶部穿出时也因粗糙的顶面而产生漫反射效应。所以，临界角也是宝石必须进行良好抛光的理论依据。

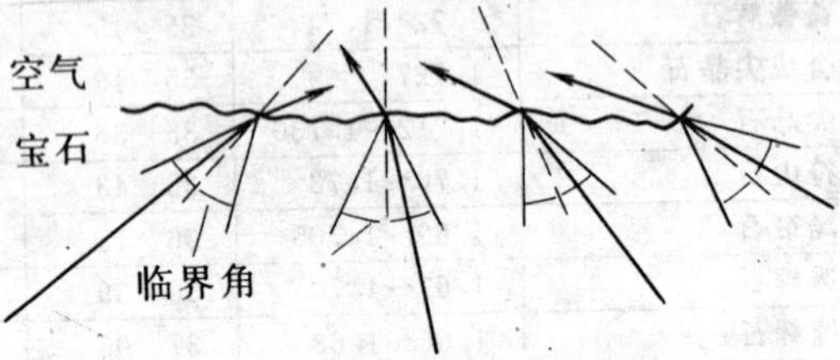

图 4-6 粗糙抛光面对光的影响

对于具较高折射率的有色透明宝石来说，亮度这一光学效应是十分重要的，它能使宝石的美丽颜色表现得淋漓尽致。而对高折射率的无色透明宝石来说，另一种特殊光学效应似乎更加重要，那就是火彩。

火彩亦称为色散，是指白光通过透明物质的倾斜平面时分解成单色光并由此形成的光谱色的现象。

我们知道，白光是由红、橙、黄、绿、蓝、靛、紫等单色光混合而成的，每种单色光都有自己特定的波长，虽然不论波长如何，它们都在空气中以相同的速度传播，但当它们自空气进入宝石后，不同波长的光就以不同的速度传播了，波长越短的光，在宝石中的传播速度降低得也越多。因此，紫光和蓝光在宝石中的传播速度比红光慢，它们的折曲也比红光大。这样，当一束白光以一定的角度自空气中进入宝石时，由于组成白光的各单色光折曲程度都不一样，白光便会分解成它的组成色，如果宝石具有两个平行的平面（如图 4-7 所示），那么，光线进入时因折曲程度不同而分解，当从另一面穿出时，因传播方向与入射时相同且各色光都互相平行，结果又合在一起形成白光，这种情况下我们将看不到色散。但如光线通过的是类似于三棱镜一样的倾斜平面时（如图 4-8 所示），白光便分解成它的组成色，即出现色散。

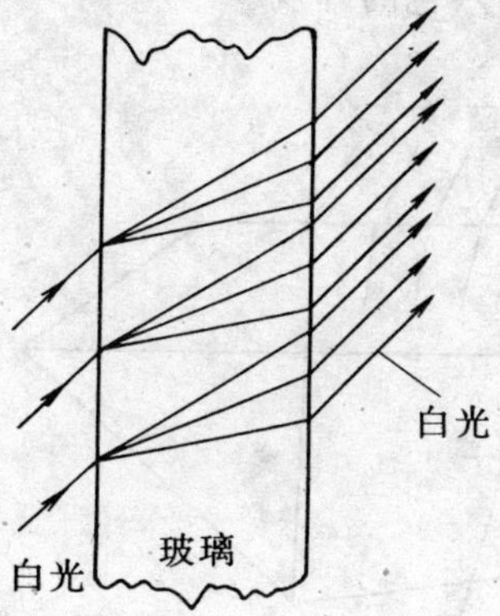

图 4-7　光通过平行平面不出现色散

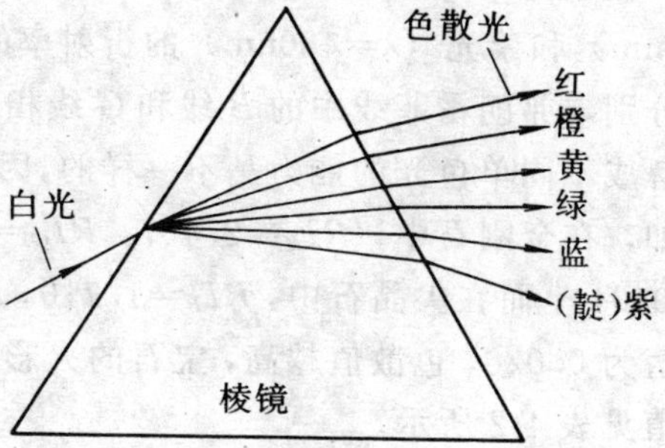

图 4-8　光通过倾斜平面出现色散

由此看来，色散的产生必须具备两个条件：

一是宝石必须具有足够的色散值；二是光线在运动中必须遇到倾斜平面。以合适角度切磨的高色散的小面型宝石正是具备了这两个条件，才具有五颜六色的外观。

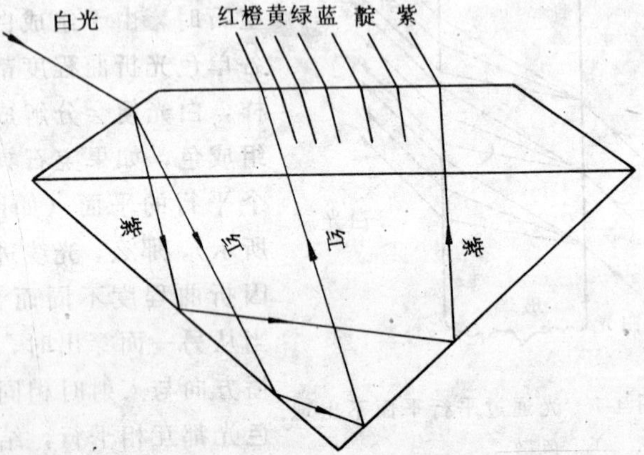

图 4-9 宝石的色散

色散是根据光通过一定的物质时，红光（波长 $\lambda=687nm$）和紫光（$\lambda=430nm$）的折射率的差值来表示的，它们分别与弗朗霍菲线中的 B 线和 G 线相当。各种宝石将白光分解成不同单色光的能力是不一样的，因而色散值也不一样。例如，在金刚石中，$RI_B=2.407$，$RI_G=2.451$，故其色散值为 0.044，而在尖晶石中，$RI_B=1.710$，$RI_G=1.730$，故其色散值为 0.020，色散值越高，宝石的火彩越强。常见宝石的色散值见表 4-2 所示。

表 4-2　常见宝石的色散值

宝　石	色 散 值	宝　石	色 散 值
金刚石	0.044	镁铝榴石	0.027
人造金红石	0.29	金绿宝石	0.018
钛酸锶	0.19	钙铝榴石	0.028
立方氧化锆	0.065	尖晶石	0.020
钆镓榴石	0.045	橄榄石	0.020
锆石	0.039	电气石	0.017
钙铁榴石	0.057	黄玉	0.014
钙铝榴石	0.028	绿柱石	0.014
锰铝榴石	0.027	石英	0.012
铁铝榴石	0.028	方解石	0.018
刚玉	0.018	萤石	0.007

火彩仅仅是少数宝石的重要特性，因为多数宝石的色散并不明显，对于折射率低于 1.81 的宝石来说，火彩在宝石加工中并不十分重要，这些宝石主要应注重发挥其亮度的优势。另一方面，有些折射率高于 1.81 的有色宝石，虽然能产生强烈的火彩，但常常被其体色所掩盖。

事实上，在宝石设计中，亮度和火彩是一对矛盾，要想获得最大限度的火彩，必须使穿出顶部的光线最大限度地分解为单色光，这势必会损失亮度。因此，在宝石加工的实践中，所谓采用合适的切磨角度，实际上是寻找一个使火彩和亮度达到平衡的折衷方案，使宝石既能显示强烈的火彩，又能显示出强的亮度。

小面型宝石的第三种特殊光学效应为闪烁。宝石的闪烁可以这样定义：当移动宝石、光源或者观察者的眼睛移动时，所见到的宝石闪闪发光的现象。

与亮度和火彩不同，观察宝石的闪烁效应需要运动，可以是宝石的移动或转动,也可以是光源或观察者的眼睛移动。闪烁是不可能在静止的情况下观察到的。闪烁的程度与小面的数量有关，宝石的小面数量越多，闪烁就越好。但是，闪烁程度高并不一定最漂亮，有的宝石小面很多，闪烁也很明显，但看起来并不漂亮，原因可能有二：一是小面抛光质量不高；二是切磨角度不正确。如果小面抛光不好，小面数量再多，闪烁再好，宝石的外观也不会很漂亮，因为它总是显得暗淡无光。小面角度切磨不正确，实际上是损失了宝石的亮度，而使宝石变得不明亮，虽然闪烁好，但也不强烈。所以，闪烁是在发挥宝石的火彩、亮度等效应的基础上使宝石更加美丽的一种效应。

上述的小面型宝石的三种特殊光学效应是小面型宝石之所以美丽的原因,它们都是依赖于光进入宝石中所起的变化，其中亮度可能是小面型宝石中最普遍、也是最重要的光学效应，因为它几乎对所有宝石均适用；火彩只是对少数宝石来说是重要特性；而闪烁效应则依赖于宝石小面切磨的数量和质量。在宝石加工的实践中，我们一方面要寻求各种光学效应最理想的平衡，另一方面，又要根据不同宝石的不同性质突出某一光学效应。只有灵活地运用它们，才能最大限度地体现宝石的美丽。

第二节　小面型宝石的款式

小面型宝石的加工是一近期工艺，它开始于何时已无据可考，但有证据表明，人类切磨小面型宝石的最初尝试可能是从钻石开始的，在古印度宝石工艺品中发现了许多八面体面被磨光的钻石，这些钻石被称为“尖宝石”，印度工匠做的下一步改进是将八面体的一个角截断（如图 4-10 所示），从而产生了小面型宝石最原始的款式——桌型。

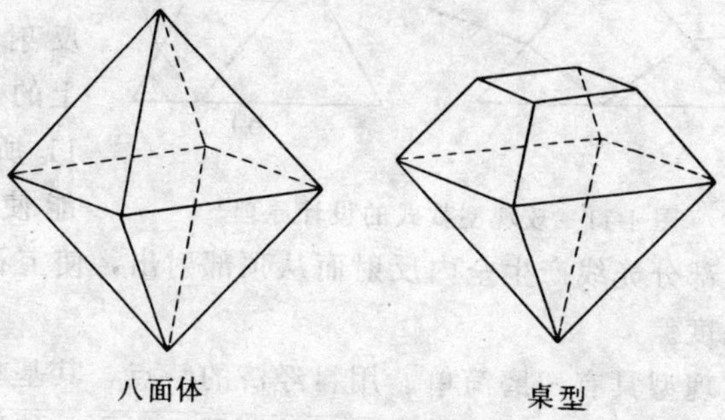

图 4-10　小面型宝石款式的超源

古印度工匠所作的这些尝试可能是无意识的，他们可能对宝石的光学性质一无所知或知之甚少，更谈不上如何利用宝石的光学性质，以合适的方法切磨小面型宝石了。真正研究小面型宝石的款式，应该说是人类认识了宝石的光学性质之后才开始的，距今也只有几百年的时间。几百年来，这项工作进展很快，目前已出现了上百种小面型宝石加工款式。按照其琢型方式，可以将它们归为如下几类：玫瑰型、圆多面型、阶梯型、交叉型及它们的混合型。

一、玫瑰型

玫瑰型款式是小面型宝石中出现得最早的一种款式，它起源于 16 世纪以前的某个时期，18 世纪达到鼎盛，曾被广泛地运用于一系列宝石加工中，包括大颗粒的钻石，近代用得越来越少，仅用于小颗粒的扁平形钻石、锆石及镁铝榴石的切磨中。

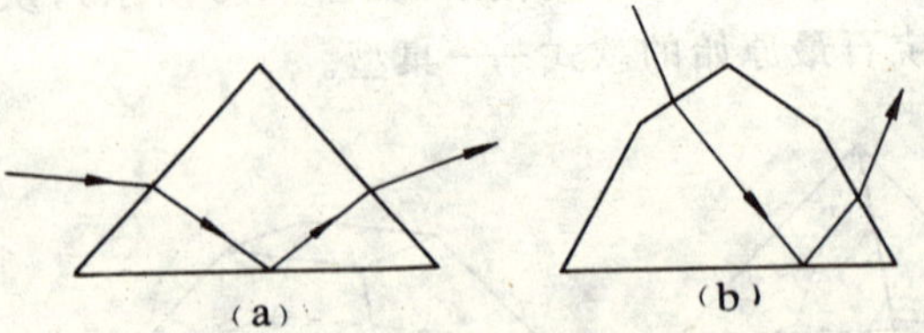

图 4-11　玫瑰型款式的设计原理

这类款式的设计是建立在全内反射的基础上的，如图 4-11 所示，它能使进入宝石的大部分光线产生全内反射而从顶部射出，使宝石具有很好的亮度。

玫瑰型具有切磨简单、用料经济的特点，其基本形状是底部为一平面，上面是对称排列的若干组小面，顶部终止于一个顶点，如荷兰型（图 4-12）、安特卫普型等。还有双玫瑰型，它是玫瑰型的变型，其底部与顶部对称。

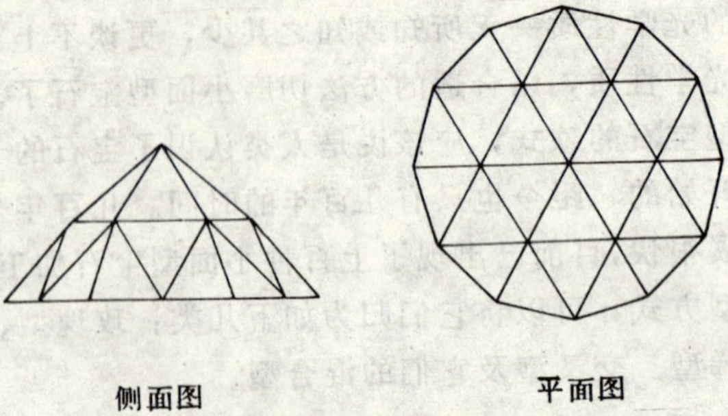

图 4-12　典型的荷兰玫瑰型款式

二、圆多面型

圆多面型是目前小面型宝石加工中运用得最多的一种款式，因为其设计是建立在全内反射基础上的，按照正确的比例和角度将宝石切磨成圆多面型款式，可以获得最大限度的亮度，也能获得火彩，所以，它被广泛地运用于切磨钻石及其它多数有色和无色宝石。

1. 标准圆多面型及其设计

标准圆多面型又称标准明亮型或圆钻型，这种款式可能是在 17 世纪末期，威尼斯一位叫做 V·泊洛维（V. Peruzzi）的钻石切磨师设计的基础上发展起来的，早期的情况已无据可考，在以后的年代里，这种理想的比例一直在被修改，它是钻石中最令人喜爱的加工款式，它充分地利用了钻石的高色散，并且可以产生较强的亮度。该款式如图 4-13 所示，其外形为圆形，共有 57 个小面，以腰棱为界将其分为两部分，上部称为冠部，下部称为亭部。其中冠部 33 个小面（台面 1 个，冠部主小面 8 个，星小面 8 个，上腰棱小面 16 个），亭部 24 个小面（亭部主小面 8 个，下腰棱小面 16 个），图 4-13 还标明了各小面的名称。也有人称该款式具有 58 个小面，这是因为在最初设计时，通常在亭部主小面汇合处的底部加磨一个与台面平行的正八边形小面，以防尖底损坏，该小面俗称为底眼或底部小面，若加上这个小面，标准圆多面型即为 58 个小面，近年来，这个小面被磨得越来越小，甚至被完全取消了，因为这个小面的存在引起了底部的漏光。

标准圆多面型是在研究钻石的最佳切磨款式的过程中发展起来的。前已论及，玫瑰型款式是钻石切磨中使用得最早的款式，也是标准圆多面型发展的基础。

按照简单的几何学原理，若按两倍于临界角的角度（48°52′）切磨一基本玫瑰型款式（如图 4-14 所示），那么，由正面进入钻石的大部分光线将发生全内反射，即钻石具有很高的亮度，但通过计算可知，光线离开钻石的角度与入射时相同，即并不产生火彩。

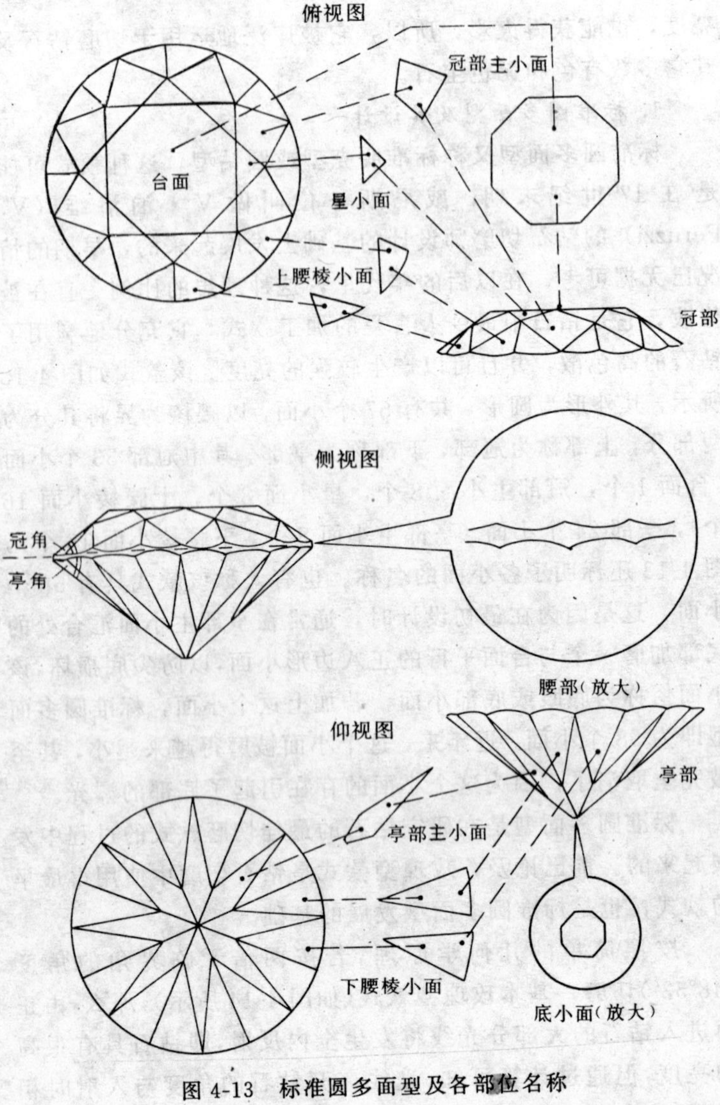

图 4-13　标准圆多面型及各部位名称

将基本玫瑰型款式颠倒过来，即构成一基本圆多面型款式。如图 4-15 所示。通过计算显示，为使光线从顶面进入经全内反射后再从顶部穿出，造成第一次全内反射的小面角度必须大于 48°52′，而造成第二次全内反射的小面角度必须小于 42°43′，这在一对称的钻石上，是不可能的事情，因此必须打破临界角的限制，寻求一种折衷的方案。

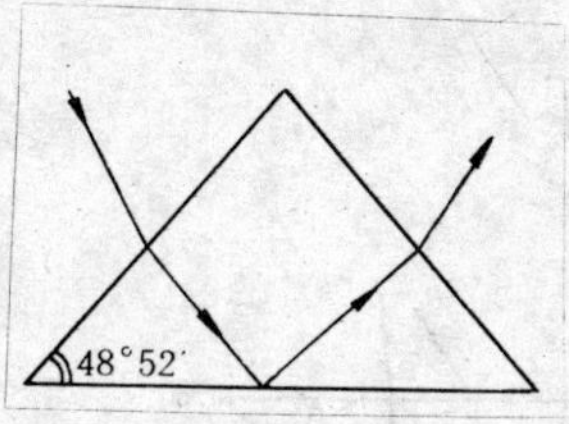

图 4-14　钻石的基本玫瑰型

1919 年，美国的钻石切磨师马歇尔·托尔库夫斯基(Marcel Tolkowsky) 在《钻石设计》一书中，提出了他根据光学原理推算出来的一套钻石切磨比例，其特点是台面面积较小，钻体较高，具有活泼的火彩和很强的亮度，几乎与此同时，美国波士顿的一位钻石切磨师通过实践求得一套钻石切磨的比例和角度，这一比例竟与托尔库夫斯基提出的比例不谋而合。从此，这套比例开始在美国流行，现在仍倍受推崇，被称为美国式切磨。

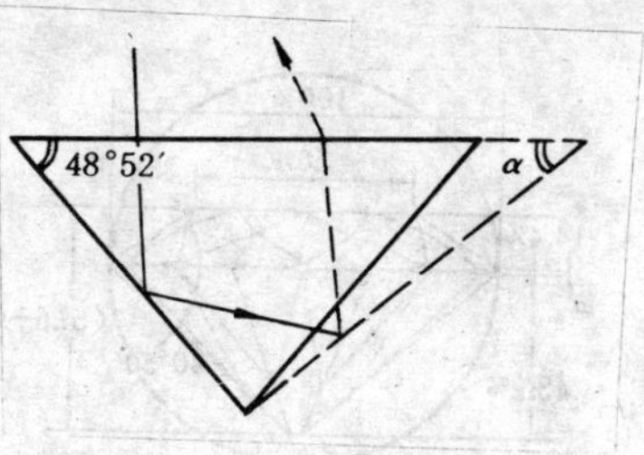

图 4-15　基本圆多面型

在此基础上，托尔库夫斯基利用光学原理，推算出各小面的切磨角度。在图 4-16 (a) 的基本圆多面型款式中，为使光线在底部产生最大限度的全内反射，其最佳折衷角度为 40°45′，这个角度即为亭部主小面的切磨角度。

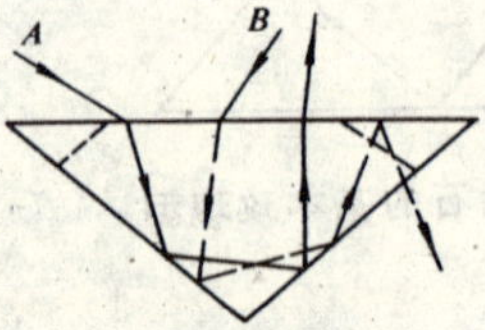

(a)标准圆多面型的设计

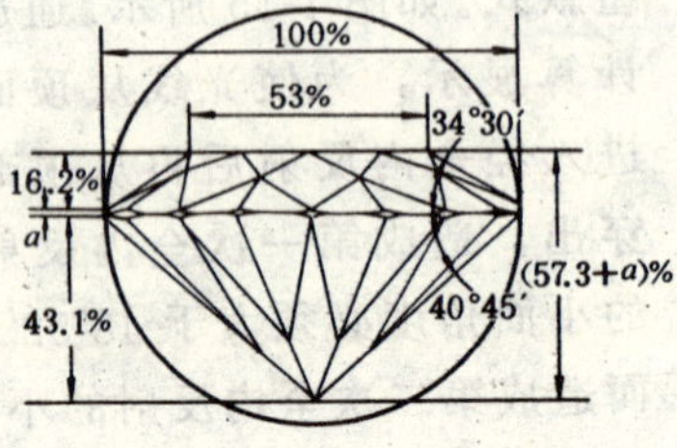

(b)美国式切磨

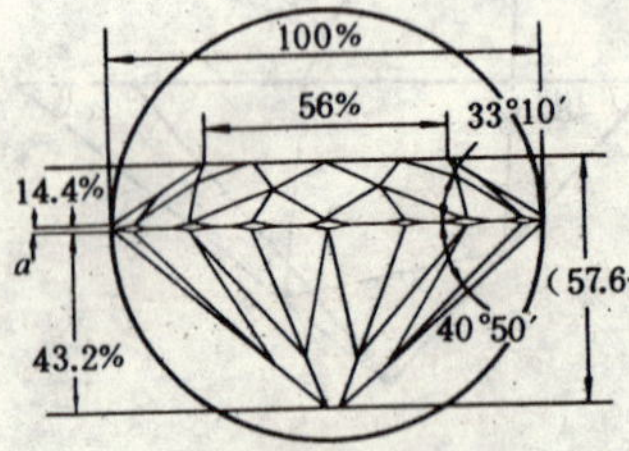

(c)欧洲式切磨

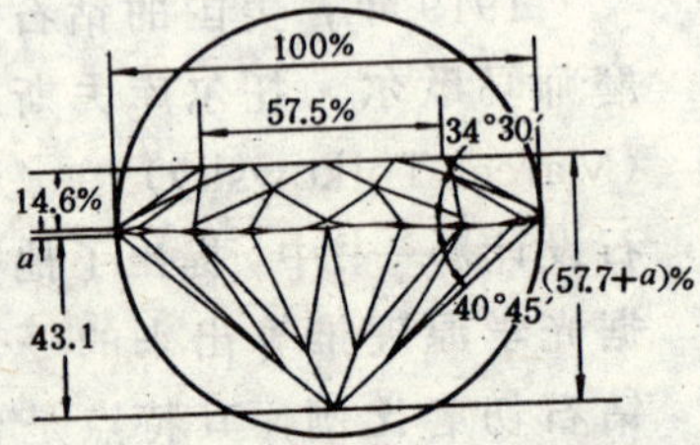

(d)斯堪地那维亚标准

图 4-16　标准圆多面型的设计及钻石的理想比例和角度

(a 为腰棱厚度，一般为高度的 1%～3%)

在图 4-16 (a) 中，虽然大部分光线同光线 A 那样产生全内反射，从冠部穿透出来，但也有若干光线像 B 那样，在亭部发生全内反射，而在冠部又被反射回去。如果沿图示的虚线去掉边角部分，即增加一组倾斜的小面，这些光线便也会由冠部穿透出去，并且使钻石的火彩得以增强，托尔库夫斯基计算出该倾斜小面的最佳切磨角度为 34°30′，以后这一切磨角度被发展为冠部主小面的切磨角度。

托尔库夫斯基通过研究还发现，由顶部射入的光线在发生全内反射的过程中，在腰棱附近均有少量损失，若在冠部加磨约 42°的小面，有助于增加从冠部穿透的光量，此乃上腰棱小面；同理，在腰棱之下加磨比亭部主小面陡 2°的小面可以减小光线在亭部的损失，这组小面即为下腰棱小面。在台面周围加磨与腰棱平面约呈 15°的星形小面，有助于折光并改善光的分布。

这就是标准圆多面型款式的整个设计过程。

这些年来，在不同的国家和地区，这套理想的比例和角度总是在修改，因为不可能在同一钻石中把火彩和亮度这两种光学效应同时显示出来，现代钻石通常以显示钻石的最大火彩为目的。

1940 年，艾普洛（W. F. Eppler）博士在计算的基础上修改了托尔库夫斯基的这套比例，其主要不同点在于台面的大小及深度，如图 4-16（c）所示。艾普洛的设计在欧洲得到了广泛的接受，被称为欧洲式切磨，而美国人墨守成规，仍沿袭托尔库夫斯基的比例，被称为美国式切磨。

1970 年，挪威及瑞典两国曾提出一种欧洲标准的建议，称为斯堪地那维亚标准，该标准的理想比例具有一较大的台面，如图 4-16（d）所示，是由艾普洛的比例衍生而来的。这几种切磨的比例和角度见图 4-16。

以上讲述的是钻石的切磨比例和角度，其它宝石的标准圆多面型切磨比例和角度也可以相应推导而来。常见宝石的主要切磨角度见表 4-1，对于标准圆多面型款式来说，主要切磨角度是指冠部主小面及亭部主小面与腰棱平面间的夹角，而在阶梯型款式中，主要切磨角度一般是指冠部近台面的小面及亭部近尖底的小面与腰棱平面之间的夹角。

2. 其它圆多面型款式

圆多面型款式很多，包括圆形及其它多种外形，如橄榄形、梨形、椭圆形、心形等。对于较大或较小的宝石而言，其款式是在标准圆多面型款式的基础上增加或减少一些小面，外形的变化则是“保重”的需要。总之，这些款式的设计不是任意的，它取决于宝石自身的性质及其它特征，这一点将在下节中详细讲述。

三、阶梯型

阶梯型亦称为桌型、方型等，也是一种常见的款式，它几乎适合于所有透明宝石，尤其适合于其美丽依赖于颜色的有色宝石。这种款式被广泛地运用于祖母绿的切磨中，以致行业中将其称之为祖母绿型。其基本形状是一个去掉角的方形外形，方形台面被若干层梯形小面所环绕，底部终止于一个斧形尖底，各部位的名称如图 4-17 所示。

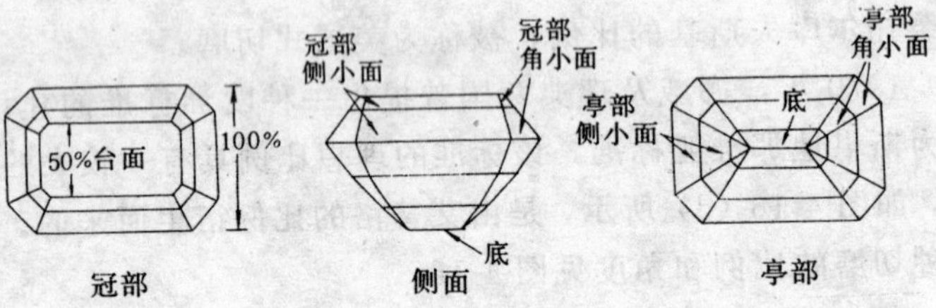

图 4-17　阶梯型及各部位的名称

切磨成阶梯型款式的宝石主要是为了显示其美丽的颜

色，对于优化全内反射并不十分注意，因此，其切磨比例一般由宝石颜色的深浅及原石的形状自行决定。

阶梯的数目（即切磨的层数）由宝石的大小决定，在基本型的基础上，较大的宝石可增加层数，较小的宝石则可减少层数。阶梯型款式的外形也有很大的变化，包括长方形、正方形、细长形、风筝形、菱形、三角形、六边形等，层数的变化及多种外形构成了阶梯型的多种款式。

四、交叉型

交叉型亦称为剪刀型，它属于阶梯型的改进型，如图 4-18 所示，在这种款式中，三角形小面代替了阶梯型款式中的阶梯状梯形小面，同阶梯型款式相比，这种改进不仅给了宝石一定程度的亮度，也改进了宝石的颜色。但是，它也造成了在亭部尖底部位光的损失，并在宝石的中央产生一个死点。

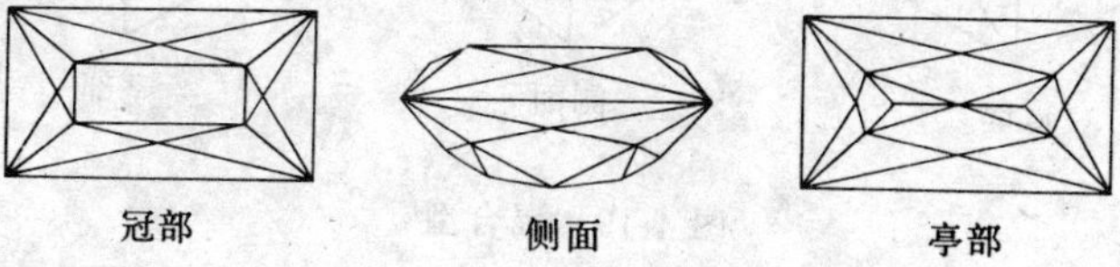

图 4-18　交叉（剪）型

这种改进的可取之处在于：在阶梯型款式中，各层小面切磨得稍不平行，便很容易被看出，而代之以三角形小面，这种不准确性便不易被察觉。

五、混合型

顾名思义，混合型是将同一粒宝石的不同部位切磨成不同的款式。常见的混合型切磨通常具有一个圆多面型的冠部和一个阶梯型亭部，如图 4-19 所示。混合型在斯里兰卡等一些国家通常被使用，为了保持宝石的重量，阶梯状亭部一般切磨得比较深，这就使得宝石的一些光学效应不能充分地显示出来，而且镶嵌也困难。

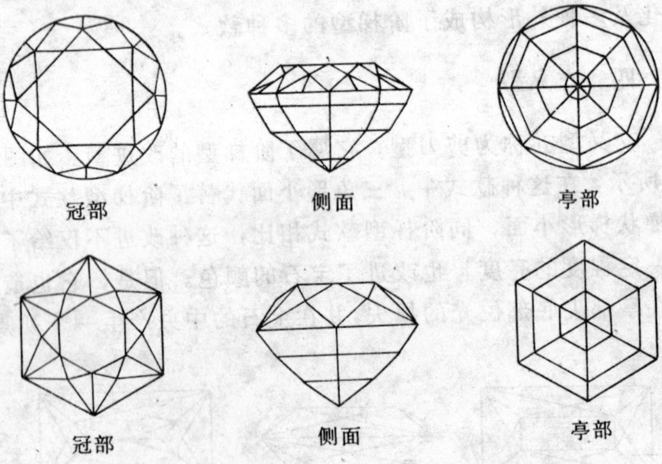

图 4-19　混合型

常见的小面型宝石款式见图 4-20。

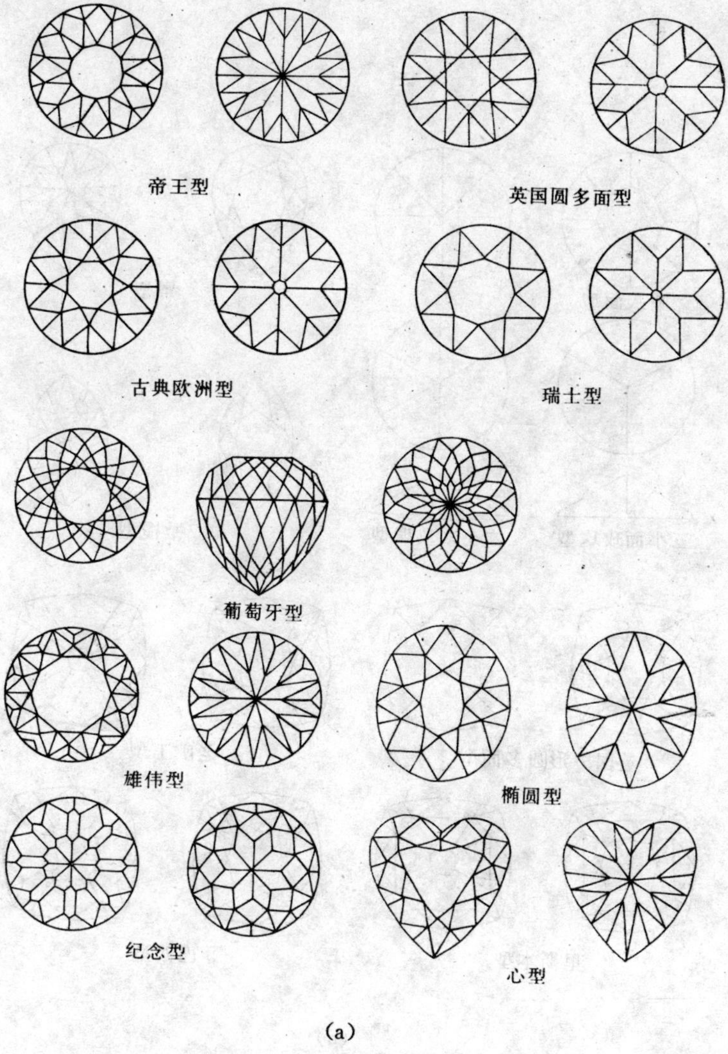

(a)

图 4-20　小面型宝石的款式

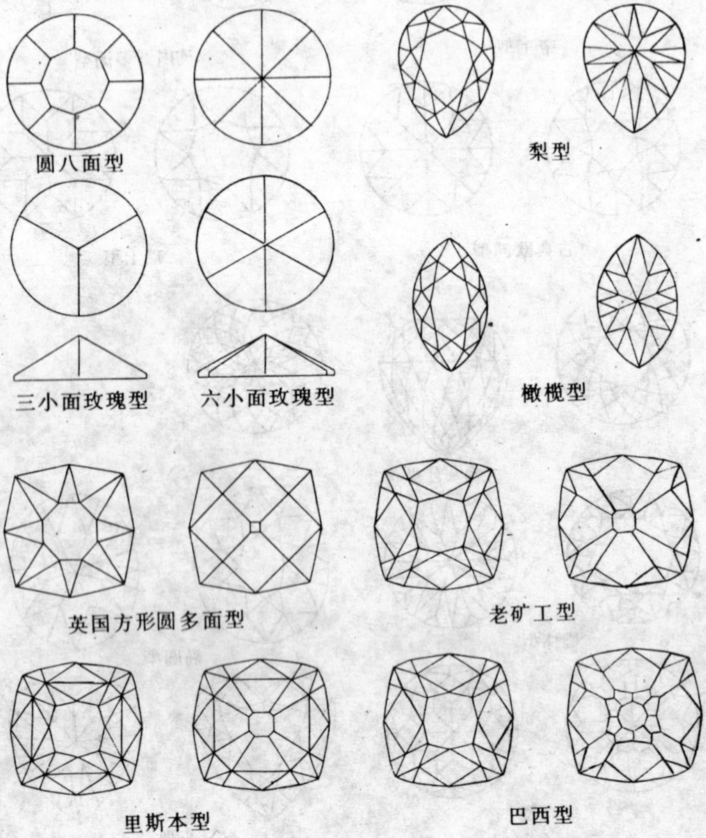

(b)

图 4-20　小面型宝石的款式

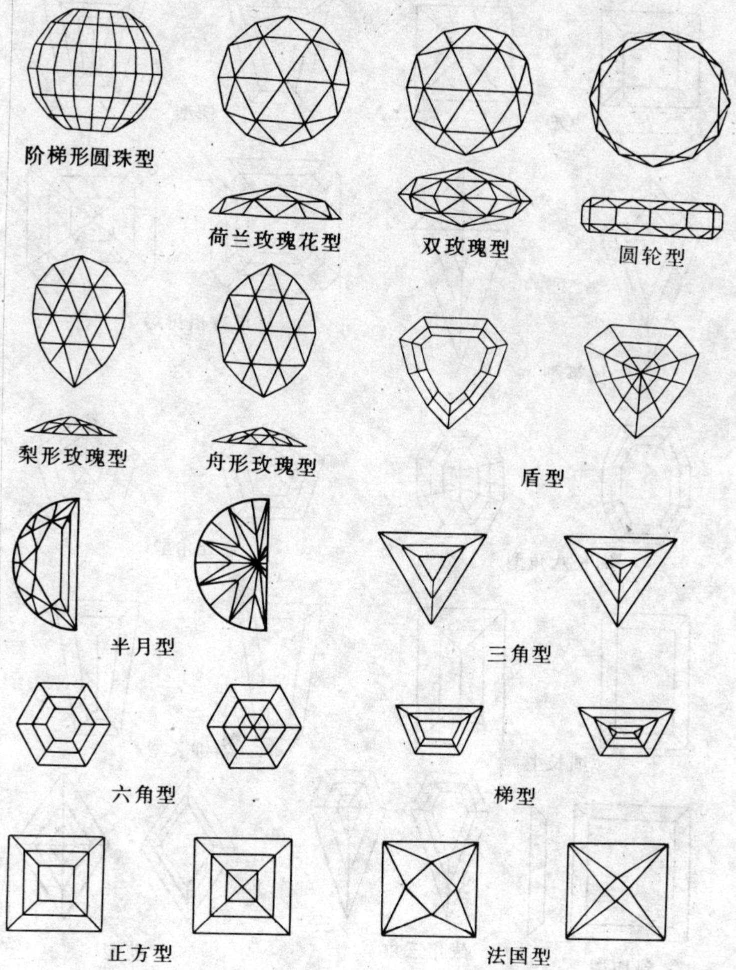

(c)

图 4-20　小面型宝石的款式

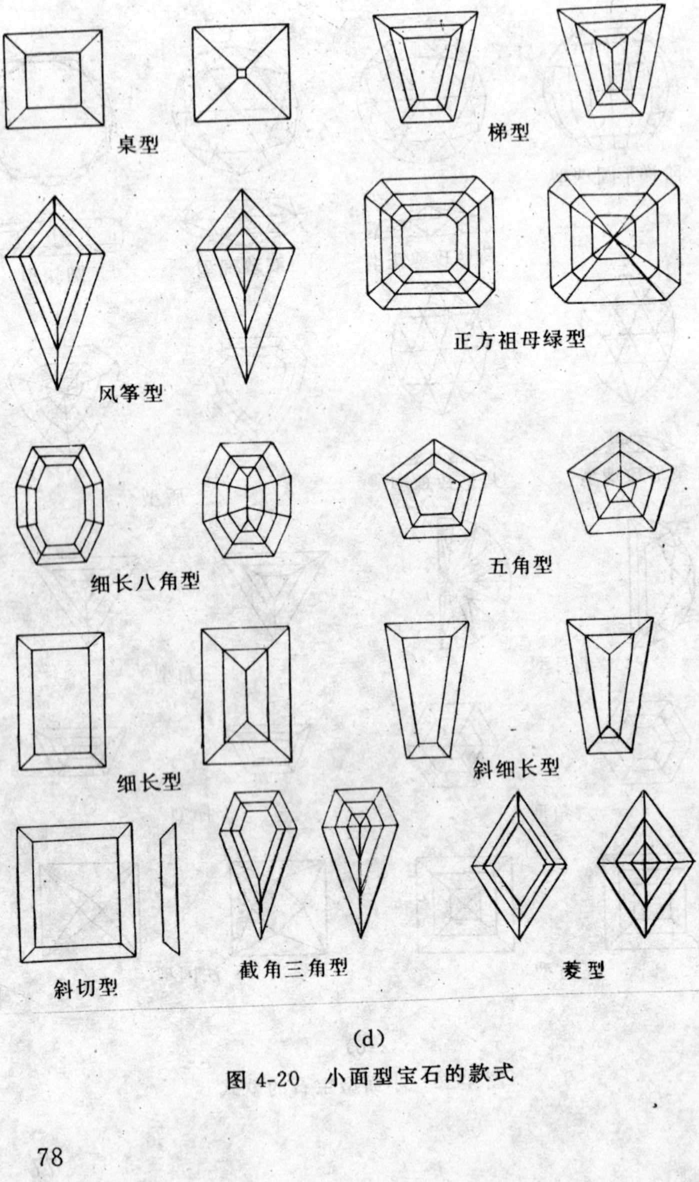

(d)

图 4-20　小面型宝石的款式

第三节　小面型宝石设计

宝石设计是小面型宝石加工前期的一个必不可少的工作环节。通过设计工作，了解宝石的性质，选择适当的款式，确定最佳的加工方法，以使料尽其用。只有通过匠心独运的设计，再加上精湛的加工工艺，宝石的美丽才能淋漓尽致地体现出来，这是宝石设计的目的，也是体现宝石价值的关键之所在。

我们知道，能够成为宝石的矿物必须具备三个特征，即美丽、稀少和耐久。千百年来，它一直是衡量是否宝石和宝石价值高低的基本依据。宝石的稀少特性是由自然界中被人们发现的宝石的贮量决定的，反映了消费者“物以稀为贵”的消费心理；耐久特性是由宝石自身的物理性质决定的，与宝石的硬度关系很大，宝石的硬度越高，则耐久性越好。这两个特性都是不以人的意志为转移的，而美丽特性则稍有不同，它包括内在美和外在美两个方面。宝石的内在美虽然也是自身存在的，但它需要正确的加工方法和精湛的加工工艺去体现它的美丽，将其内在美充分展示出来，另一方面，地球成矿的环境是非常复杂的，它在造就美丽宝石的同时，可能会掺杂一些影响宝石美丽的消极因素，如在宝石中混有一些杂质；还有，人们在开采宝石时可能造成一些无意的损坏，如使宝石内部产生大小不等的裂隙。如果这些因素得不到适当的处理，就会影响宝石的美丽，降低宝石的价值。所以，我们从事宝石设计的目的，一方面是要根据不同宝石的不同特征，选择适当的款式，将宝石潜在的美充分发挥出来，更重要的是要通过设计，了解宝石的特征，选择适当的款式，让外在美和内在美有机地结合，达到发挥宝石自身的优势，消除或掩盖其缺陷的目的，以最大限度地体现宝石的价值。

一、宝石设计师应具备的素质

尤其是在高档宝石的设计中，宝石设计师充当着重要角色，对同一粒宝石材料来说，不同的设计师可能得出不同的设计方案，而其价值能否得到最大限度地体现，关键在于设计师的能力，这一工作要求宝石设计师具有很高的素质。

1. 宝石设计师应通晓宝石学知识

宝石设计不是凭空想象的，而是建立在宝石的物理性质、光学性质及外形特征等基础之上的。宝石学知识是宝石设计的理论依据，所以，作为宝石设计师，应该对宝石学知识有全面的了解，掌握各种宝石的基本性质，并能熟练操作各种宝石鉴定仪器。

2. 宝石设计师应具备丰富的宝石加工的实际操作技能

宝石设计的最终成果要在成品中得以体现，中间有一个加工过程，设计的成果毕竟还是在设计师大脑中形成的对宝石材料切磨成成品的总体“印象”，它是否与实际成品相吻合，取决于设计师的加工实践，作为一名合格的宝石设计师，他应该对宝石加工的款式、各种宝石机械的性能等都有全面的了解，并且有非常丰富的宝石加工的实践经验。

3. 宝石设计师应及时掌握市场信息

在宝石加工款式日新月异，市场行情瞬息万变的今天，这一要求对宝石设计师来说是十分必要的，它直接关系到宝石的销售及价值，只有根据市场的需求生产对路的产品并不断地根据市场的发展趋势刻意创新，才能立于不败之地。在当今的信息时代，谁掌握了市场及其发展趋势，谁就掌握了经营的主动权。

4. 宝石设计师应有良好的视力和辨色能力

这是一最基本的要求，我们从事的是彩色宝石的设计，有些颜色的变化是很微妙的，如一些多色性不是很明显的宝石，没有良好的视力和辨色能力是不能胜任这一工作的。

5. 宝石设计师应具有强烈的使命感和责任心

在资本主义国家里，设计师多是工厂的所有者，其设计能力的高低直接影响自身的利益，因此，他对设计工作是非常慎重的。而我们的设计工作，不管是否涉及到自身利益，都必须认识到这一点，因为自然界中储存的宝石，尤其是高档宝石毕竟有限，如果得不到很好的利用，本身就是一种损失。所以，我们的工作是为社会创造财富，强调使命感和责任心是十分必要的。

二、宝石设计应考虑的问题

宝石设计师进行设计的目的是为了最大限度地体现宝石的价值，为了实现这一目的，应考虑两个主要问题：一是如何将宝石的内在美最大限度地发挥出来并使之与外在美有机地结合；二是如何将影响宝石美丽的消极因素消除或降低到最小限度。具体地说，宝石设计师要考虑如下几个问题。

1. 确定宝石的加工款式

小面型宝石款式的选择不是任意的，而是由宝石材料的物理性质、光学特性及外形特征决定的。每种宝石都有各自的性质和特征，这一点决定了宝石被切磨成何种款式才能最好地显示它的美丽。例如，钻石具有高折射率、高色散的特征，它通常被切磨成圆多面型款式，只有选择这种款式才能最好地将这些特征体现出来，使之具有强烈的火彩和高度的亮度；祖母绿通常被切磨成阶梯型（祖母绿型）款式，因为它具有美丽的颜色，只有选择这种款式才能将这一优势充分显示出来。当然，钻石也可能被切磨成其它款式，如祖母绿型，但这并不是钻石最理想的款式，因为这种款式会损失一些火彩并降低亮度，之所以选择这种款式，可能是考虑了其它因素，如原石的外形，切磨成阶梯型时可能比切磨成圆多面型具有大得多的重量，虽然火彩和亮度损失了一些，单位重量的价格可能降低了，但这块原石加工出的成品的总体价值可能会增加。同种宝石被切磨成不同的款式或变型，在很大程度上可能是考虑了宝石材料的外形特征。例如，一粒金刚石的怪晶可能具有扁平的外貌，适合于切磨外形为椭圆的圆多面型款式方能获得最大重量的宝石成品，如果我们牵强附会地将其切磨成标准圆多面型款式，势必会造成其重量的损失而降低其价值。

2. 款式设计与保重

在上一个问题中，我们已经接触到保持宝石最大重量的问题。宝石设计师在设计款式时，都会非常慎重地考虑这个问题，即如何使一粒宝石材料被加工成成品之后保持最大的重量或体积。这是因为，不仅较大颗粒的宝石不容易得到(尤其是高档名贵宝石更是如此)，更重要的是，大颗粒的宝石价格比同等重量的小颗粒宝石单位重量的价格要高出许多，并且不是呈简单的线性关系，拿优质祖母绿来说，1 克拉重的戒面售价可达 1 000～1 500 美元/克拉，而 2 克拉重的戒面售价则可达 2 500～3 000 美元/克拉，3 克拉重的戒面的售价可能达到 7 000～8 000 美元/克拉。单个宝石的重量越大，单位重量的售价就越高。正因为如此，宝石设计师绞尽脑汁，千方百计地使自己手中的宝石材料加工出最大重量或体积的成品。

保持宝石最大的重量在款式设计中包括两层含义：一是设计师在得到一粒宝石材料后需设法使其加工成若干粒成品中，有一粒保持有最大重量；二是设法使这粒宝石原料所切磨的成品重量总和为最大。这两者之间的关系极为复杂，常常不能兼顾，究竟采用哪种方案，常常要根据材料的具体特征和市场行情，进行精确地计算与分析，才能得出最能体现宝石价值的设计方案。特别是对一些名贵宝石，必要时可能还要作出宝石的模型进行准确的分析，才能得出最终结论。

当然，在考虑保重的同时，还要考虑其它因素。例如，所选择的款式是否能够发挥宝石自身的优势，是否能体现出宝石的光学效应等。有些宝石设计师片面地追求保持宝石的重量，不顾宝石是否切磨得符合它所要求的比例和角度，结果影响了宝石的美丽。例如，在设计一粒扁平形的宝石材料时，为了使切磨的成品具有最大的重量，过分地压缩其切磨比例，结果重量虽然保住了，却产生了漏光，影响了宝石的亮度和火彩，大而无光，宝石的美丽没有充分体现出来，同样没有真正体现出宝石的实际价值，甚至可能使宝石的价值降低了。因为顾客在购买这类宝石时，不是以实际重量的市场行情论价，而是按修改成理想比例后的重量论价，还要扣除加工费。所以，对于这类宝石的设计，宁可减少一些宝石的重量，也要使宝石切磨规矩，使宝石的美丽充分体现出来，这样，重量虽然减小了，单位重量的价格却提高了，同样可以体现宝石的价值。

3. 颜色不均匀的宝石的设计

颜色是宝石固有的特性，具有美丽颜色的宝石会倍受人们的喜爱，但是，造物主常常总是那样不尽人意，使有些宝石的颜色存在明显的不足，有些缺陷是宝石加工无能为力的，属宝石优化的范畴，有些则可以通过加工加以改善或突出某种颜色而掩盖另一种颜色。我们观察宝石的颜色时，总是从宝石顶部来观察，这一规律为我们实现上述目的提供了可能性。

总的看来，颜色不均匀的情况可分为两种：一是宝石材料具有多色性，是各向异性宝石中，由于不同的方向对光的选择性吸收程度不同而造成的；二是宝石材料的颜色本身不均匀，是由于材料的生长环境造成的。

（1）具有多色性的宝石的设计。宝石的多色性是指某些有色的各向异性宝石，当从不同的方向观察时会显示不同颜色或同一颜色的不同色调的性质。多数情况下，这种颜色上的差别不很明显，设计时可以不予考虑，但有些宝石，其多色性非常明显，如红（蓝）宝石、金绿宝石、电气石、堇青石等。在这种情况下，设计时考虑其定向是非常重要的。

多色性宝石的定向，对不同宝石是不同的，总体原则是应将美丽、鲜艳的颜色放在与台面垂直的方向上。例如，红宝石，c 轴方向上为鲜红色，而垂直 c 轴方向上为橙红色（如图 4-21 所示），显然，其定向应使台面垂直于 c 轴，而对颜色不同的电气石的定向，则情况稍有不同，有些电气石 c 轴方向为深棕绿色或深橄榄绿色，而垂直于 c 轴方向上为鲜艳的草绿色或蓝绿色，其定向应使台面平行于 c 轴方向（如图 4-22 所示），而对于一些颜色较浅的电气石，其定向又要使台面垂直于 c 轴方向。

(2) 材料本身颜色不均匀的宝石设计。有些宝石材料，由于在其形成过程中生成环境的变化，使其本身的颜色呈现明显的不均匀，主要表现为颜色分布呈条带状、环带状，颜色浓淡逐渐过渡，甚至在同一晶体上呈现出不同的颜色，有时

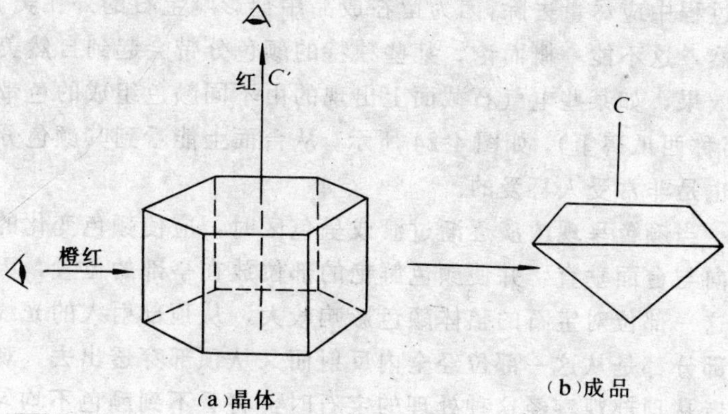

图 4-21　红宝石的定向

还会在均匀的颜色背景上出现一个色点，这些颜色不均匀的情况，在加工时可以通过适当的定位使其消除或表现得不是很明显。

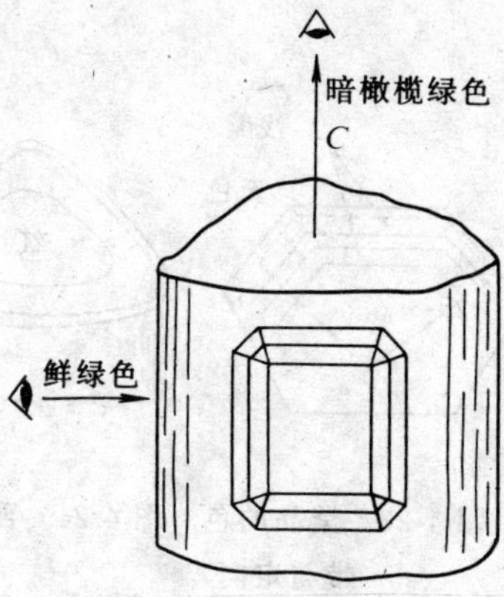

图 4-22　绿色电气石的加工定向

颜色呈条带或环带状的情况在紫晶、蓝宝石等材料中经常可以看到，这些条带（环带）可能是直线分布的，如图 4-23 所示。在设计时，可以使色带的延伸方向与台面平行，如果可能，应尽量使颜色较鲜艳的色带正好放在腰棱部位，这样，透过台面观察宝石，色带将不是很明显。

有些颜色分带可能不是宝石设计所能解决的问题，在加工过程中应尽量去除，因为留在成品中会影响宝石的外在美。当然，这不能一概而论，某些独特的颜色分带会起到自然美的效果，如某些电气石截面上出现的由不同颜色组成的色带（俗称西瓜碧玺），如图4-24所示，从台面上能看到其颜色分带也是非常受人喜爱的。

当颜色呈现浓淡逐渐过渡或呈色区时，应使颜色变化的方向与台面垂直，并使颜色鲜艳的部位放在亭部的位置，因为这一部位对宝石的整体颜色影响较大，从顶部射入的光线大部分都是从这一部位经全内反射而又从顶部穿透出去，观察者从顶部观察经这种处理的宝石时，将看不到颜色不均匀的现象，而且颜色将十分艳丽。图4-25所示的电气石材料是这种设计的典型实例。

图4-23　紫晶的色带与定向

图4-24　西瓜碧玺

图4-25　电气石的颜色过渡现象

若材料在均匀的颜色背景上出现色点，并且色点的颜色十分鲜艳，应该将它放在亭部近尖底的位置，这样，色点在多个小面全内反射作用下，在宝石内将产生许多个映象，在顶部观察时，不仅看不到色点，而且可能会改善宝石的整体颜色。

4. 解理发育的宝石的设计

解理是宝石固有的物性特征。按其发育的程度可将其分为极完全解理、完全解理、中等解理、不完全解理和极不完全解理。大体上，发育有极完全解理的材料不能用作宝石首饰，后三者对宝石切磨影响不大，所以，宝石加工中应该考虑的主要是发育有完全解理的宝石，设计时应考虑其方向性，即解理方向决不能与任何一个小面平行，否则，与解理面平行的这个小面将不能被抛光。典型的例子是黄玉，如图 4-26 所示。它发育有一组与底轴面平行的完全解理。设计时，应该使每个小面与解理方向至少有 5°的角度倾斜，如果不是这样，那么，这个小面无论如何也不会被抛光，这就是所谓的橘皮效应，这样的切磨是不符合工艺要求的。当然，对于多色性明显的宝石来说，解理的方向性不是唯一考虑的因素，必须在最好的颜色方向与容易产生解理的方向之间作出一种折衷。

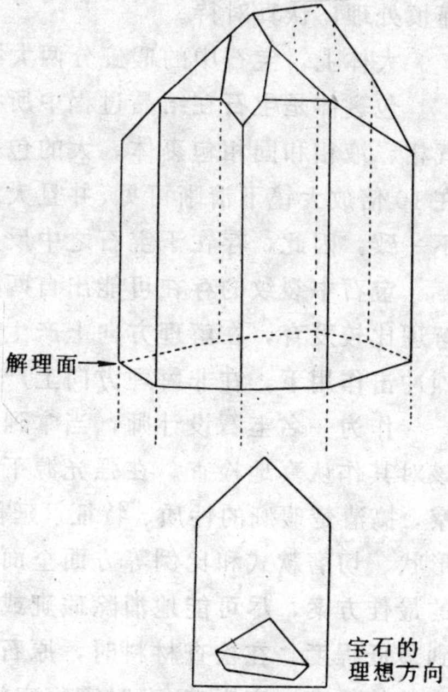

图 4-26 黄玉的解理与加工定向

5. 宝石设计中对瑕疵的处理

宝石中的瑕疵主要指存在于宝石内部的包裹体、裂纹等。

由于它们的存在会干扰或阻挡光线的正常穿越，影响宝石的外观，历来是影响宝石价值的重要因素，也是宝石设计中比较难处理的一个问题。如果处理得不好，将会使宝石的价值大大地降低，甚至使宝石成为废品，因此在宝石设计中必须谨慎处理，认真对待。

大体上，宝石中的瑕疵分两大类：即包裹体和裂纹。

包裹体是宝石在结晶过程中所掺杂进的一些杂质，包括气相、液相和固相包裹体。大的包裹体有如芝麻大小，小者在10倍放大镜下清晰可见，并且大多数包裹体的颜色与宝石不一致，因此，存在于宝石之中反差十分明显。

宝石中裂纹的存在可能出自两种原因：一是由于宝石的解理比较发育，在解理方向上产生的裂纹；另一是在外力强烈冲击作用下，在非解理方向上产生的裂纹。

作为一名宝石设计师，当拿到一粒宝石原料后，首先应该对其作认真地检查。在强光源下从不同方向进行仔细地观察，搞清楚瑕疵的性质、特征、延伸方向等，从宝石的重量、形状、切磨款式和比例等方面全面考虑，得出一个处理瑕疵的最佳方案，尽可能地消除瑕疵或将瑕疵对宝石的影响降低到最低程度。在检查材料时，原石粗糙的表面对观察宝石的内部特征有一定影响，有时需将它浸入水中或其它液体中，必要时甚至在原石表面开一个小“窗口”——抛光一个小平面检查材料内部情况。只有搞清楚宝石的内外部特征，才能得出最佳的处理和设计方案。

对宝石中裂纹的处理相对来说比较简单，即凡是有裂纹的材料，必须将裂纹去掉，决不能让它保存在宝石内部。如果宝石内部有裂纹存在，它将影响光线在宝石中的运动，不仅严重影响宝石的外观，大大降低了宝石的价值，而且加工

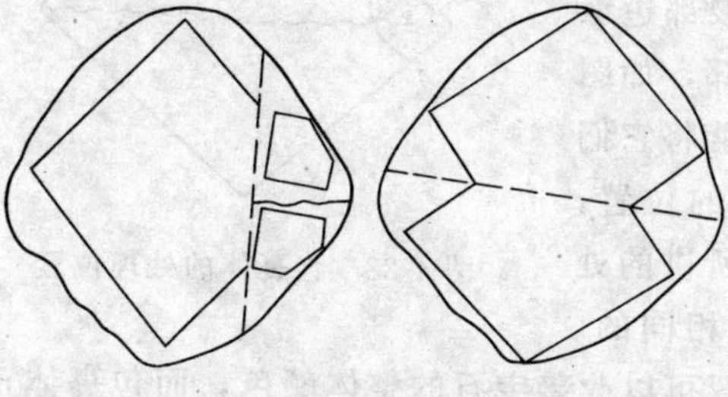

图 4-27　表面裂纹的两种处理方法

时也是十分危险的，即切磨和抛光过程中产生的热量或其内部的应力随时可能使宝石破裂。一般来说，宝石中的裂纹有两种，即表面裂纹和内部裂纹。在处理裂纹时，首先要搞清楚裂纹的性质、破裂深度及破裂方向等。对于表面裂纹，尤其要搞清楚裂纹深度及方向。如图 4-27 所示。如果裂纹深度不大，处理方法有两种：一是像图 4-27 (a) 那样除去破裂部分，将其切磨成一粒较大的宝石和两粒较小的宝石；二是像图 4-27 (b) 那样顺裂纹切开，将其切磨成两粒中等大小的宝石，这往往要经过精确地计算，看如何处理才更有利于体现宝石的价值。对于肉眼可见的内部裂纹，必须将其除去，即顺着开裂方向将宝石分割成数块。

在处理宝石的裂纹时，通常遇到表面裂纹和内部裂纹同时发育，而且纵横穿插的情况。这种情况比较复杂，要慎重考虑除去裂纹的先后顺序，由表及里，由简单到复杂，逐步将全部裂纹去除。

宝石设计中处理包裹体时，应持以谨慎的态度，视不同情况采取相应的处理方法。对于较明显的包裹体，无法同时除去时，要尽可能保留小的，除去大的，保留颜色与宝石相近的，去除颜色差异明显的，并且应该将这些不明显的包裹体放在不易察觉的位置，如小面型宝石的腰部边缘或冠部小面的下部，如图4-28所示。决不能将它们放在亭部近尖底的位置，这个道理与前面所讲的处理色点的道理是相同的。

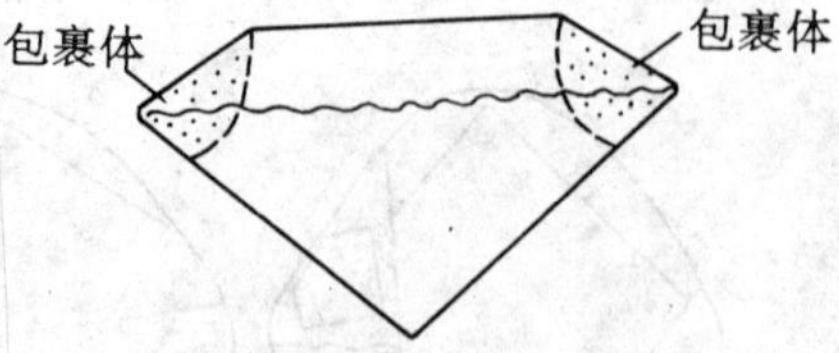

图 4-28　包裹体的处理位置

色点放在这个位置可以改善宝石的整体颜色，而包裹体正好起相反的作用，当从顶部观察宝石时，由于全内反射，包裹体将产生多个映象。很明显，这样切磨的宝石是没有什么美丽可言的。不明白这个道理的设计者总是觉得包裹体离台面越远越好，越向下，包裹体越不易被发现，其实则不然，在宝石设计中，我们应当注意这个问题。

以上分析了宝石设计师在设计工作中应考虑的几个问题，为了讲述的方便，我们将问题都理想化了，实际的宝石设计工作是非常复杂的，常常要综合考虑以上问题的各个方面，并且要将它们与发挥宝石的光学效应的优势相联系，只有经过认真细致地分析，才能得出切实可行的最佳设计方案。

总之，宝石设计是一项非常复杂的工作，它既需要丰富的宝石学理论知识作指导，又需要丰富的实践活动去体验，在小面型宝石加工的实践中，要注意积累这方面的经验，培养这方面的技能，使自己成为一名合格的宝石设计师。

三、宝石设计的程序

1. 审料

宝石设计师在得到一块宝石原料后，首先应对材料进行认真、细致、全面地审查，搞清材料的内外部特征，找出材料有哪些外在的和潜在的美，以便在设计中充分利用和发挥它的优势，审查的内容包括：

（1）鉴定。即确定材料是何种宝石。如果是矿物单晶体，有经验的宝石学家可以根据结晶学性质及晶体表面特征判断出宝石的可能范围，但只是判断而已，结论性鉴定一定要通过仪器测试，如测试材料的硬度、相对密度、折射率、偏光镜下的特征等，若需测定宝石的折射率，还需在材料上磨一光面，准确地测试出材料的折射率值并在折射仪上获得其它有用性质（如双折率、光性、轴性等），最终定出宝石的名称。

（2）检查材料表面。检查表面主要是要搞清楚材料的表面特征，是否存在表面缺陷及表面裂纹，审查其外形以确定加工款式。

（3）观察宝石的颜色。包括宝石的体色、颜色的分布情况，是否具多色性等，以便设计时进行合理的定向，如果存在颜色不均匀的现象，确定处理方案。

（4）检查材料内部。这是审料的一个重要步骤，也是宝石设计成功与否的关键。通过这一工作搞清宝石内部是否存在包裹体和裂纹以及它们属于哪种类型，如何处理等。应该在强光照射下作彻底的检查，材料粗糙的表面可能干扰视觉效果，必要时可进行开“窗”或放入水或浸液中进行检查，如果浸液的折射率与宝石接近时效果最好，这时，宝石的边缘将消失，内部情况清晰可见。

2. 画线、切割

搞清了材料的内外部特征后，就作出对材料处理的方案。如果有包裹体存在，哪些可以保留，哪些应该去除；如果存在裂纹，应先去除哪个，后去除哪个，这些情况都应在材料上反映出来。具体的作法是用铅笔在材料上作出标记，然后由切割师按标记将材料分割开。如果材料比较大，包裹体裂纹比较多，可能要经过多次反复画线、切割。

3. 确定设计方案

工作进行到这一步已到了决策阶段，也就是根据材料的内外部特征，设计适当的款式，以体现宝石的美。从而体现宝石的最大价值。

(1) 确定台面方向。一般来说，应使台面方向垂直于颜色最佳方向，但这不是绝对的，在考虑发挥宝石颜色优势的同时，还应考虑如何使切磨的成品保持有最大重量，实际工作中常常是寻求一种颜色与最大重量之间的平衡方案。

(2) 选择款式。根据宝石的颜色和外形特征，从体现宝石的美和保持最大重量两个方面出发，选择最适合该材料的切磨款式。

(3) 估算切磨尺寸。这一工作主要是从发挥宝石的光学效应的角度来考虑的，要求宝石设计师一定要注重宝石的外在美，切莫片面地追求保重因素，而使外形不美或使角度切磨得不对，这都是不可取的。图 4-29 代表这种切磨的几种情况。这种设计不仅不能增加宝石的价值，反而可能使宝石的价值降低。

(a)角度太大　(b)角度太小　(c)亭部倾斜

图 4-29　几种不规矩切磨的设计

总之，由于大自然复杂多变的成矿环境，造就了千变万化的宝石材料，使得宝石设计工作没有一个固定的程式，但并不是说宝石设计无规律可循。宝石设计本身是一种艺术创作，千变万化的宝石材料，为设计师提供了灵活多变的创造素材。只要宝石设计师具有了丰富的宝石学知识和宝石加工的实践经验，又能潜心探索，刻意创新，是能设计出好的作品的。

第四节　小面型宝石的加工设备

小面型宝石的加工设备也是在宝石加工的实践中逐渐完善的，是科学技术发展的产物。远古时代的宝石加工全靠人力驱动，继而使用了水力、蒸汽，最后才发展到使用现在的电力驱动。

最初的小面型宝石加工是采用所谓的“壁椿法”来完成的，该设备如图 4-30 所示，在一根直立的木桩的不同高度上钻有一系列小孔，将宝石粘至一根长约 15mm 的木质粘杆上，粘杆的锥形尖端插入木桩的孔洞内，在一块圆形磨盘（早期为木质的磨盘，后改为铸铁磨盘）上加松散的砂粒切磨宝石，将粘宝石的粘杆插入不同高度的孔洞中，就可以切磨出若干组不同的小面。可以想象，这种设

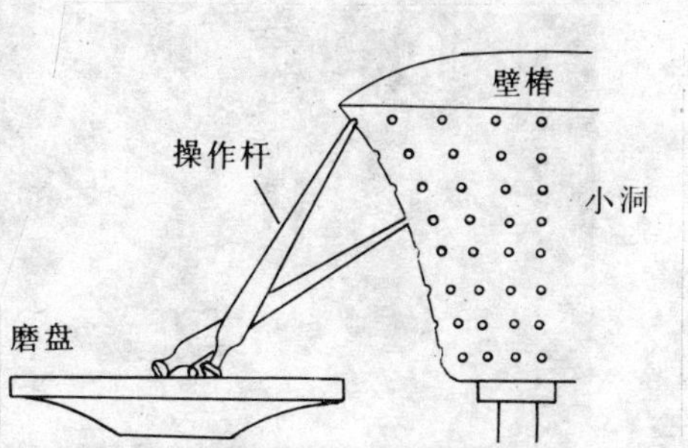

图 4-30　“壁椿法”示意图

备是非常简陋的，如果没有丰富的经验，是不可能切磨出高质量的产品的。但是，正是在这些早期尝试的基础上，人们利用“壁椿法”的原理，研制出多种小面型宝石加工设备，使当今小面型宝石的加工工艺达到了尽善尽美的程度。这里介绍几种常见的小面型宝石加工设备。

一、八角手宝石切磨机

八角手宝石切磨机是目前我国宝石加工行业使用得最广泛的小面型宝石加工设备。这种设备是何时由何人发明的，现已无据可考，它可能启发于传统的“壁椿法”，但在“壁椿法”的基础上作了许多改进，国内各生产厂家生产的这种设备虽然有些细微的差别，但总的来说都由动力传动、升降架和八角手三个主要部分组成。如图 4-31 所示。

图 4-31　八角手宝石切磨机

1. 电机；2. 磨盘；3. 八角手；4. 升降架

动力传动部分非常简单，在一个转动轴上装卡钻粉磨盘和基盘，依靠螺栓固定磨盘。有些制造厂为了简化机器的结构，直接将电机轴作为磨盘的转动轴，即在电机轴上加一螺栓，将磨盘和电机连为一体。这种设计的缺点是明显的，电机转动时的震动不可避免地造成磨盘的震动和偏摆，从而影响宝石加工质量，特别是当电机质量不高或使用过久精度下降时，这一缺点会更加明显。为了克服这一缺点，有些制造厂家对此作了改进，即将电机安装在机架的一侧，以皮带轮带动磨盘，这种改进多少减少了因电机震动造成的加工质量问题，同时，还可以根据需要调节磨盘的转速。

图 4-32　升降架

A. 托盘；B. 立柱；C. 柱块

八角手宝石切磨机的升降架由两根平行的立柱及一个可以在立柱上上下滑动的托盘组成。如图 4-32 所示。升降架固定在机台的桌面上，使小立柱与磨盘垂直而托盘与磨盘平行。托盘是用来支撑八角手的。借助于托盘的上下平行移动，托盘上八角手的轴线与磨盘平面间的夹角就可以在一定范围内连续变化，而这个角度正是我们要切磨的宝石冠部或亭部小面角的余角。在另一根立柱上装有几个柱块，作为托盘升降高度的标记，将柱块固定在不同高度上，就可以获得某种宝石切磨款式的几个固定角度。

八角手主要是由一个手柄和一个八角形模块组成（如图

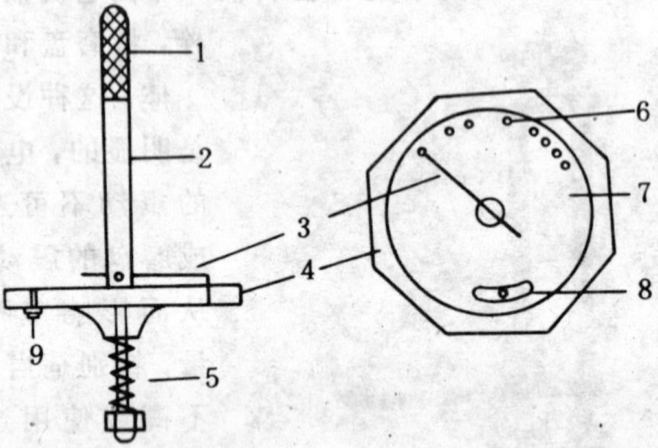

图 4-33 八角手的结构

1. 粘杆紧固螺栓；2. 手柄；3. 手柄制动栓；4. 八角形模块；5. 弹簧；6. 小孔；7. 孔盘；8. 圆周分度微调；9. 孔盘制动螺丝

4-33 所示)。手柄的一端是一个外螺纹略带锥度的空心螺栓，其内径恰巧能使粘宝石的粘杆插入，旋紧空心螺栓外面的螺母，就可以将粘杆牢牢固定。手柄的另一端套有一拉紧手柄的弹簧，从一端拉动手柄，将手柄的制动栓从模块上的小孔中拉出，就可以改变手柄制动栓在模块上的位置。模块上的小孔是用来调节圆周分度的。

在切磨小面型宝石时，重要的是解决角度和圆周分度问题，使用八角手宝石切磨机，角度问题是依靠升降架上托盘的升降来实现的，解决这一问题比较简单。而要在同一粒宝石上切磨出若干组不同的小面，且同一组小面对称均匀地分布，重要的是解决圆周分度问题。现在，我们将八角手的手柄制动栓插入某一孔中，使手柄相对于八角形模块没有转动，那么，可以想象，以八角形模块的每一边作为基准，先后放置在托盘上对装夹在手柄一端的宝石进行切磨，就可以在一粒圆形宝石上切磨出一个由八个小面组成的八边形，如果将托盘升高或降低，即改变切磨角度，同时将手柄制动栓由一小孔换入另一小孔中，亦即改变圆度分度，又可以切磨出另一组八边形小面。手柄制动栓的插孔是按一定要求设计的，即每一小孔都代表一定的圆周分度，切磨不同的花样款式时，同一组小面的切磨需要将手柄制动栓插入不同的小孔，八角手切磨机正是利用改变插孔的办法来改变圆周分度的。通过同时改变插孔位置和托盘的高度，就可以在宝石上切磨出若干组小面来。

八角手切磨机之所以能够在我国宝石加工行业得到普遍运用，主要是因为它具有如下优点：

(1) 操作方便，简单易学，加工效率高；

(2) 结构简单，容易制造，便于维修；

(3) 价格便宜，投资少，见效快。

正因为如此，它在切磨中低档宝石和合成宝石中发挥了很大的优势。但是，八角手切磨机的致命弱点就是切磨精度低，圆周分度和角度都可能出现误差。用它切磨中高档宝石时，需要有相当丰富的经验。

二、机械手宝石切磨机

为了解决小面型宝石切磨的精度问题，人们研制了多种类型的高精度小面型宝石切磨机，图 4-34 所示的为其中一种类型。它主要是由动力与磨盘、磨头和升降调整机构组成。

电机与磨盘之间采用皮带传动方式，它们被固定在同一钢质基座之上，这样，大大减少了机械振动，电机功率一般

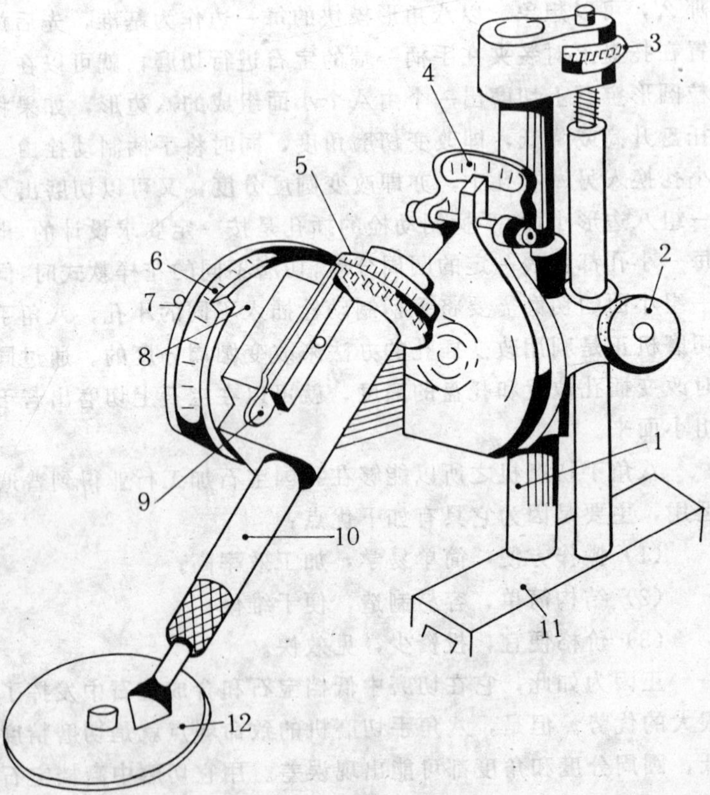

图 4-34 机械手宝石切磨机

1. 主轴；2. 高度固定螺丝；3. 高度微调；4. 分度微调器；5. 分度轮；6. 扇形角度盘；7. 角度制动卡；8. 角度指示；9. 分度轮制动卡；10. 粘杆臂；11. 底座；12. 磨盘

在 250W 左右。

磨头是精密宝石切磨机的主要组成部分。主要由粘杆臂、分度轮、扇形角度盘、分度微调器、分度轮制动卡组成。切磨的圆周分度是由分度轮控制的，一般机器都配有 32、48、60、64、72、84、96 等多种分度的分度轮，可根据需要选择使用。分度轮制动卡吻合于分度轮齿槽中，按起制动卡，分度轮便可来回转动以改变圆周分度。切磨角度可在扇形角度盘上读出，粘杆臂与八角手的手柄相类似，粘杆臂可在角度盘上 0°～90°的范围内任意变化，但如果调整至某一角度时，粘杆臂只能向上抬起，而不能向下改变角度，从而保证了切磨角度的精确度。

升降架起支撑磨头的作用，为一与磨盘平面垂直、立于机座一侧的刚性主轴，磨头装于其上，可以方便地连续升降，为了保证上下调整的精度，在主轴顶端添置了一个微调装置，使调整量非常微小时也可以方便地实现。

同八角手切磨机相比，机械手宝石切磨机的精度要高得多，而且操作也很简单，稍经训练的人员便可用此机切磨出较好质量的成品，故有人戏称其为“业余机”，意为业余爱好者使用的设备。但其加工的精度是八角手切磨机无法比拟的，是加工高档宝石的理想设备。不过，它的缺点也是明显的，即加工效率低，不适合于大批量的工业化生产。

机械手的种类很多，区别在于结构的简单与复杂，其原理都是相同的。图 4-35 是两种其它类型的机械手宝石切磨机。

三、八角手的设计原理

八角手是我国宝石加工业中最常见的工具之一，它的优点已在前面讲过，这里仅介绍一下用它切磨小面型宝石时，是如何解决圆周分度问题的。

八角手的模块由八条边组成，它将一个圆周分成八等份。

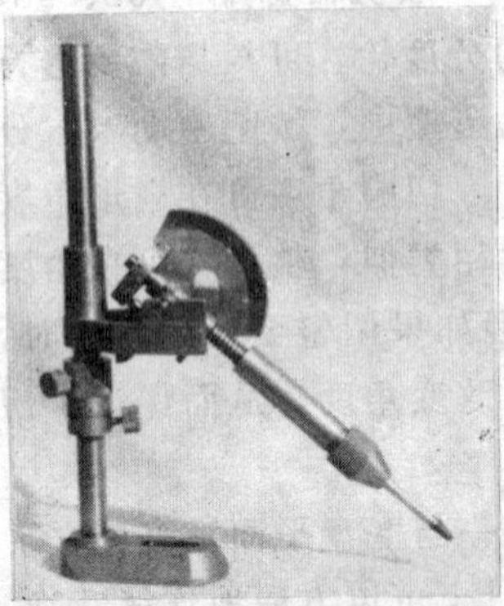

(a)

(b)

图 4-35 其它类型的宝石切磨机

(a) 简易机械手 (b) 分离式机械手宝石切磨机

在模块上布有八个小孔。通过分析可以知道，这八个小孔实际上又把每个边分成了八等份，这样，依靠八条边和八个小孔，将一个圆周分成了 64 等份。每条边和每个小孔所代表的圆周分度是不同的，以八条边为基准，通过改变小孔的位置并调整角度，就可以在宝石表面切磨出若干组不同的小面。手柄制动栓插入不同小孔时，模块的各条边所代表的圆周分度如图 4-36 所示。

由以上分析可以看出，八角手的用途实际上与 64 分度的机械手相当。如果我们改变小孔的位置及数量，还可以制造出与 84 分度、96 分度用途相当的八角手。

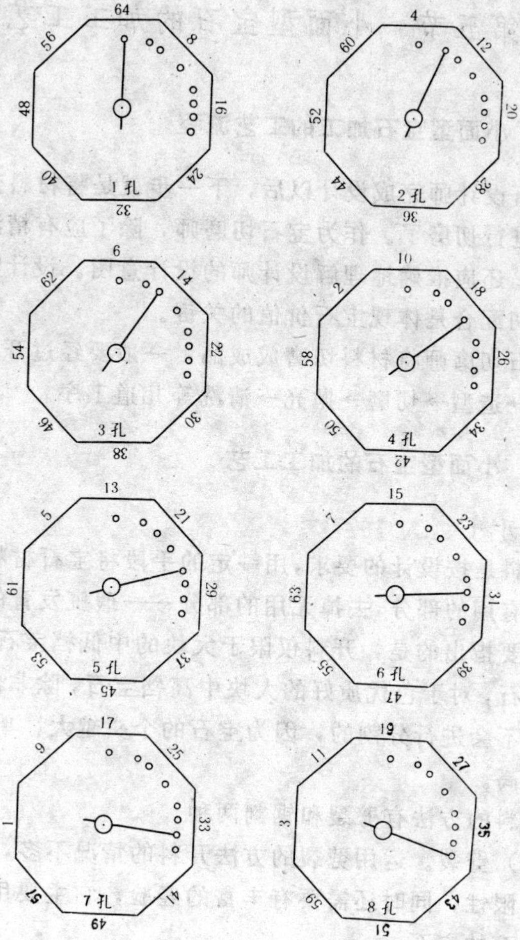

图 4-36　八角手各小孔代表的圆周分度

第五节 小面型宝石的加工工艺

一、小面型宝石加工的工艺流程

宝石设计师完成设计以后，下一步就是将材料交给宝石切磨师进行切磨了。作为宝石切磨师，除了应有精湛的切磨技术外，还应准确地理解设计师的设计意图。设计师与切磨师的密切配合是体现宝石价值的关键。

宝石切磨师将材料切磨成成品，一般要经过开料→冲坯→粘胶→造型→切磨→抛光→清洗等几道工序。

二、小面型宝石的加工工艺

1. 开料

开料是按设计的要求，用一定的手段将宝石材料分割开，保留其有用的部分，去掉无用的部分——瑕疵发育的部分。这里特别要指出的是，开料仅限于大块的中低档宝石及瑕疵发育的宝石，对于色优质好的大块中高档宝石，除非修整形状，否则是不会进行分割的，因为宝石的个头越大，单位重量的价格越高。

开料的方法有劈裂和锯割两种。

(1) 劈裂。运用劈裂的方法开料的情况不多，因为其运用有局限性，同时还需要有丰富的经验，它主要用于解理和裂纹发育的宝石。

我们知道，用于加工小面型宝石的原料大都是透明晶体或晶体的一部分，而矿物晶体的重要力学性质之一就是解理。不同的宝石解理发育的程度是不一样的。

运用劈裂的方法开料时，首先要搞清楚宝石的解理性质，如解理的方向、解理的发育级别等，然后才能实施加工。很显然，劈裂极完全解理、完全解理的宝石是十分危险的。如果没有搞清楚其性质而盲目劈裂，很可能使宝石诱发新的解理，甚至劈成碎块。所以，在动手之前一定要对材料进行认真地审查，搞清解理的发育程度及方向，然后，顺着解理的方面劈开。

劈裂开料法也可用于裂隙发育的宝石。

劈裂的方法很简单，在解理或裂纹方向上开一小口，然后，将一刀片放在开口处，用小锤轻轻一击，宝石即裂成两半，其中的关键是要干脆果断，掌握好用力的力度。这需要丰富的经验。

用劈裂手段开料的优势是效率高，成本低，不损失原材料，但并不是必不可少的开料手段，它主要是对高档宝石而言的，且只适合于解理发育及多裂纹的宝石。对于一般的宝石，大量采用的开料方法是锯割。

(2) 锯割。是最常用的宝石分割方法。同劈裂方法相比，锯割可能有刀口的损失，但从效果来讲，锯割比劈裂更有效，且形状规则。

大块的材料分割成小块时，一定要按设计的要求进行，因为一块宝石材料，常常有多种分割方法，分割是否最合理，宝石设计师应反复推敲，最后作出最合适的选择。如果我们随心所欲地锯割，就不能正确地体现设计师的意图，更主要地会影响宝石的价值。

设计师在审料时，即在需要切开的位置画上线，切割师按要求切开，但是，一些材料通常要经过设计—切割—再设计—再切割的多次反复，才能将材料分割成合适的几块。这样就给工作带来了一定的复杂性。所以，设计师和切割师最好为同一人，他在实施切割之前，首先要考虑好这块材料准备如何处理，每块坯料加工成何种款式等。

切割在宝石切割机上进行，切割宝石一般采用厚度为0.15～0.20mm的钻粉锯片。切割的操作比较简单，首先，要检查切割机运转是否正常，冷却方法是否得当，锯片安装是否正确；然后，将宝石安放平稳，划线方向迎着刀口，均匀地向前推进。手要握紧材料，不能让其翻转，否则，会折坏锯片，甚至使宝石破裂。

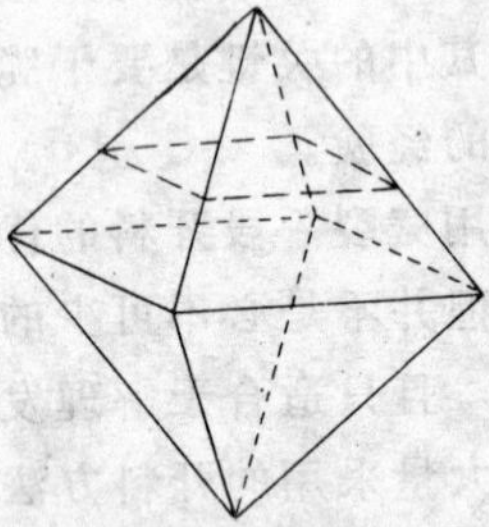

图 4-37　简单晶体的切割

对于外形简单，内部干净的材料，分割工作相对比较容易，只要在切割机上修整成所需的形状或分割成数块就可以了。如一块尖晶石晶体，只需按图 4-37 中虚线所示的平行四边形切开即可将此材料作成一大一小两粒坯料。但在实际工作中，我们遇到的大多数材料，尽管内部很干净，但形状极不规则，如何分割才能使这块材料加工出的成品保持有最大的重量（价值）呢？这是一个比较复杂的问题，没有一个固定的处理模式，只能具体情况具体对待，在长期的实践中不断地积累经验。

有些块度较小、外观又不规则的材料，切割时有很大困难，因为它太小，手不能把持住，而且又不能安放平稳。在这种情况下，最好是将材料粘接在一些辅助工具上进行切割，如果可能，在不影响宝石造型的前提下，先在其上磨一个小平面，使其能放平稳再行切割。

对于包裹体、裂纹的处理，必须按照设计的要求进行，否则将影响宝石的价值。

以上介绍的两种开料方法，有时并不是独立使用的。我们在实际工作中接触的宝石，常常是裂纹纵横交错，包裹体层出不穷，常常是劈裂和锯割两种手段一并使用，这时要掌握的原则是：分清主次，层层深入，直至将材料处理得既无包裹体又无裂纹为止。

2. 冲坯

不论采用何种手段分割出的坯料，尽管其多余的棱角可能在切割机上被修整过，其外形与设计的款式形状可能仍相距甚远，需要经过整形使之接近设计款式的外形，我们将这一工序称为冲坯。

图 4-38　冲坯机

冲坯工序一般在冲坯机上进行。冲坯机的结构很简单，如图 4-38 所示。电机带动一根由轴承支撑的转动轴，轴的两端各装有一碳化硅砂轮，可由两人同时操作，砂轮上部装有防溅罩，下部为一水槽，冲坯即是在碳化硅砂轮上打磨出切磨款式的大模样。

高档宝石的冲坯最好在钻粉砂轮上完成，因为其稳定性好，冲出的坯料形状规整。

冲坯一般按图 4-39 所示的步骤进行：

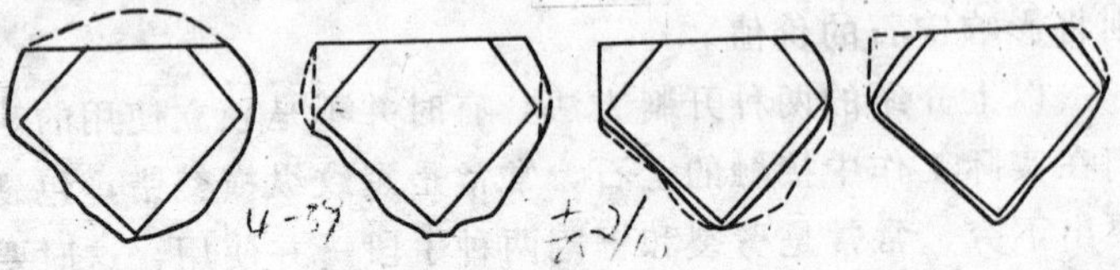

图 4-39　冲坯的步骤

（1）将设计时预备的台面整平。

（2）按照设计的要求将坯料打磨成近似于需加工的款式的外形，去掉所有多余的边角，并留一定的余量。

（3）打磨坯料的亭部，使之成为一个近似的锥体。这时应该考虑冠部与亭部的比例，冠部一般为整个高度的$\frac{1}{3}$，亭部为整个高度的$\frac{2}{3}$。

（4）在冠部周围打磨出一个小斜坡面，并使腰棱部位留有一定的宽度，为后面的工序保留一定的余量。

在冲坯时，除要考虑冠部与亭部的高度比例之外，更主要地要考虑它们与腰棱平面间的夹角，这是能否发挥小面型宝石光学效应的关键之所在。毛坯的角度可能影响到切磨角度，应该尽量打磨规矩　几种不正确的毛坯形状见图 4-40。

冲坯时应注意以下几点：

（1）冲坯一般是手握着进行的，要握紧拿稳，以防坯料因机器的振动而脱手飞出。

（2）打磨时要不断地变换位置，先打磨掉多余的边角，再进一步打磨出形状，切莫磨削过量，要为后续工序留一定的

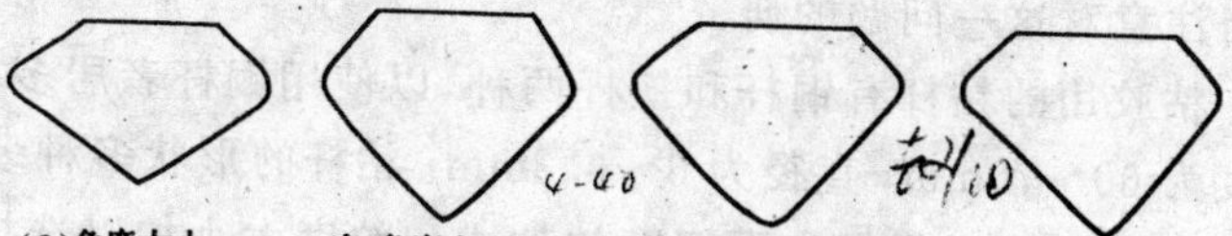

(a)角度太小　(b)角度太大　(c)冠、亭部比例不当　(d)亭部不正

图 4-40　几种不正确的毛坯形状

余量。

(3) 打磨过程中冷却是十分必要的，否则会使宝石因研磨热而破裂，冷却液不能过多，过多会被旋转的砂轮卷起，四处飞溅，影响观察磨削进程，冷却液也不能太少，太少会在旋转风流的作用下，不能浸润砂轮，从而起不到冷却作用。

(4)冲坯使用的砂轮一般为陶瓷结合剂的碳化硅砂轮，其转速不应太快，边缘线速度应控制在 40m/s 范围内，过快的转速可能会导致砂轮破裂，危及操作人员的生命安全。

(5) 砂轮不应长期浸泡在冷却液中，否则就使砂轮膨胀而易破裂。

(6) 砂轮使用一段时间后会出现变形，使冲出的毛坯形状不规矩，这时应及时进行修理。

3. 粘胶

这一工序是利用特制的胶合剂将宝石坯料粘结在一个金属杆上，以便进一步加工。

粘胶用的粘合剂要求粘结力强，热软化点高，有一定的韧性，以免在加工过程中因震动或摩擦热而使宝石脱落，影响了宝石加工的质量和效率，在国外，这一问题早已引起重视，对胶合剂的配方有专门的研究，国内多使用红火漆作为粘合剂，虽然也能起到粘接作用，但脱落的几率很高，我们应当注意对这一问题的研究。

粘胶用的粘杆有铜杆和铁杆两种，以使用铜杆者居多，其长度为60～70mm，直径为6～6.3mm。粘杆的形状多种多样（图4-41），可以根据宝石切磨的款式和粒度大小加以选择。

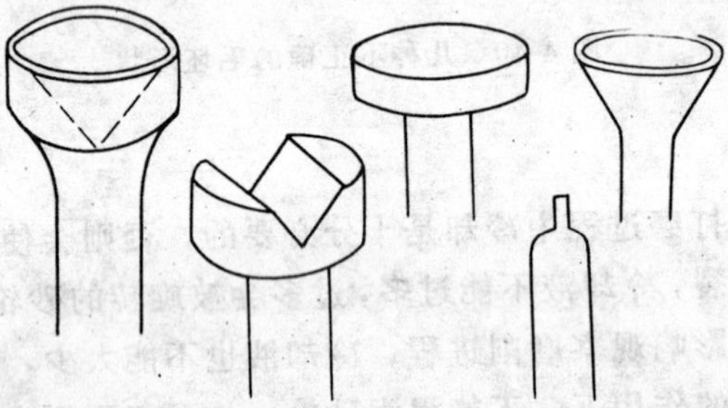

图 4-41 各种形状的粘杆

小面型宝石粘胶的精度要求比较严格，既要求同心（即粘杆与宝石的轴线在同一条直线上），又要求宝石顶部与杆垂直，这对没有丰富经验的切磨师来说，单凭眼睛的直觉是很难满足这一精度要求的。为满足这一要求，人们专门设计了一种工具——粘接架，也称为顶平器或粘接辅助器。如图4-42所示，它一般是由铸铁或铝合金材料作成的，其上的V形槽是在铣床上一刀铣出来的，这样就可以保证两个相对放入V形槽内的粘杆

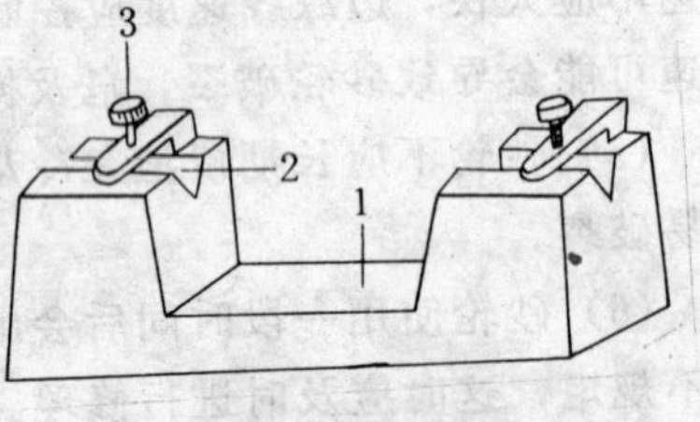

图 4-42 粘接架

1. 基座；2. V形槽；3. 紧固螺丝

轴线完全吻合。

切磨小面型宝石时，传统的作法是先磨宝石的冠部小面，所以粘胶时，应先粘接坯料的亭部，粘接的具体办法是，先在酒精灯上将粘杆预热，再熔化胶合剂，将其均匀地涂在粘杆的粘接端，同时，预热宝石坯料，然后将宝石粘在胶合剂上，将粘杆迅速插入V形槽并及时推向另一端的校正杆，使坯料顶面顶住校正杆的前端平头，挤出多余的胶合剂，并调整宝石的轴心，待宝石与胶合剂凝为一体后，取下粘宝石的粘杆，使其处于直立状态下冷却。

粘胶过程中应注意如下问题：

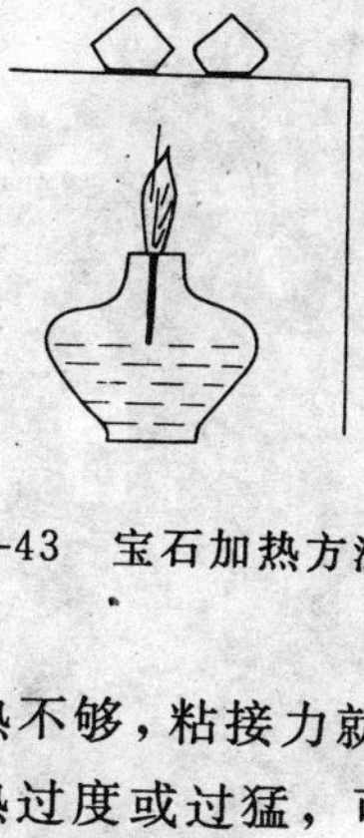

图 4-43　宝石加热方法

(1) 粘胶前，坯料和粘杆都应彻底地清洗，使其保持干净，新启用的粘杆上的油污及坯料表面的粉屑都会影响粘接效果。

(2) 粘杆一定要经足够的预热，如果预热不够，粘杆和胶可能粘接得不紧，如果在加工过程中发生转动，将会造成很大的麻烦。

(3) 宝石的预热要恰如其分，如果预热不够，粘接力就不会很强，加工过程中很容易脱落。如果加热过度或过猛，可能会导致宝石破裂。加热最好不要在火焰上直接进行，比较可行的办法是在火焰上方约为 20cm 的高度上架一块铁片（如废弃的锯片），将坯料放在铁片上缓缓加热。如图 4-43 所示。

(4) 粘接后的坯料，其底部一定要顶在粘杆上，这样会增加粘胶的强度。用胶不能太少，也不能太多，粘胶的直径应比坯料的腰棱直径稍小一些。如图 4-44 所示。

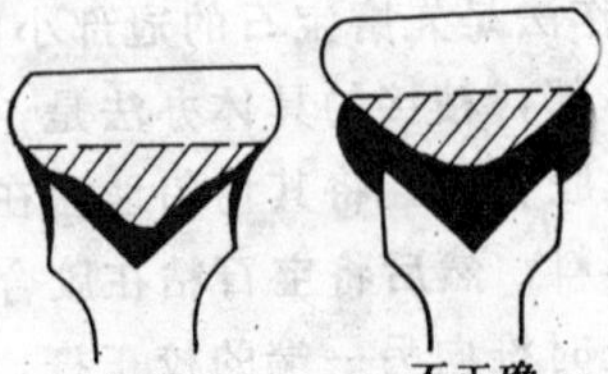

图 4-44　粘接的方法

(5) 粘胶完成以后，要使粘杆处于直立状态，让其自然冷却，不可平放或放入水中骤冷，由于胶尚未完全冷却，平放可能会导致其变形，骤冷可能会使宝石破裂。

4. 造型

在冲坯工序中，宝石的大形已经出来了，但其形状仍不规整，尺寸规格仍有较大的余量，需要进一步地加工，使其外形和规格更加吻合于设计的款式，这一过程称为造型。

造型的方法有三种：一种是凭经验手持粘杆直接在钻粉磨盘上圈出需要的外形；一种是在八角手或机械手上造型；还有一种就是使用自动围形机造型。

图 4-45　自动围形机

自动围形机如图 4-45 所示，其主要结构为一可以装卡宝石粘杆的轴芯，轴芯的另一端可以装配不同形状的模块，如圆形、椭圆形、橄榄形、梨形等。根据需要选择适当的模块装于其上，就可以使卡于前端粘杆上的宝石仿造出类似于模块的形状。很明显，这种设备加工效率高，操作方便，加工精度也好，但模块限制了加工的形状和曲率。因此，它只适合于中低档宝石或合成、人造宝石的批量化生产。对于中高档宝石，由于每块宝石坯料形状都可能不一样，即使款式相同，腰部曲率也可能不一样，因此，这类宝石应提倡用手工造型，以使料尽其用，但手工造型需要丰富的经验。

阶梯型款式及其它多边棱（如菱形、六边形）的款式可直接用八角手或机械手造型。如果带有辅助装置，机械手可以解决所有形状的造型问题。

造型工序应注意以下问题：

（1）造型工序一般在钻粉磨盘或钻粉砂轮上完成，为了提高加工效率，可以用180#的磨盘造型，钻粉砂轮可以更粗一些，但由于腰部造型后，在后续工序中可能不再加工，所以，需用600#的磨盘细磨一次，这样，腰部就不会显得粗糙，腰部的抛光就变得容易多了。

（2）手工造型时，粘杆应尽量与磨盘平面平行，这样磨出的外形更规范。但要注意安全，不要磨破手指。

（3）造型的好坏是宝石外在美的一个重要方面，宝石的外形要与人们的审美观念相适应，外形轮廓要线条流畅，过渡自然，长宽比例要适度，表4-3的数据可供参考。

5. 切磨

切磨工序是小面型宝石加工的最重要的工序之一，切磨后的宝石已经具有了成品的形状，即形状、尺寸、比例及小面数量都应符合设计的要求。因为下道工序——抛光已基本上不再消耗尺寸。这一工序是在前述的宝石切磨机上完成的，使用的磨具为钻粉磨盘。

切磨分粗磨和细磨两个阶段，即需要使用两种规格的磨具。粗磨阶段一般选用180#～260#的磨盘，细磨则选用W28

表 4-3　各种款式的长宽比例

款式	合适	太长	太短
祖母绿型	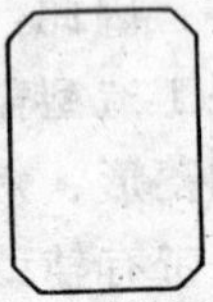 1.00:1.50~1.75	 1.00 : 2.00^{+}	 1.00:1.25~1.10
心型	 1.00 : 1.00	 1.00 : 1.25^{+}	 1.00 : 1.00^{-}
橄榄型	 1.00:1.75~2.25	 1.00 : 2.50^{+}	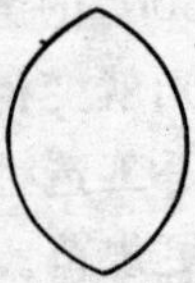 1.00 : 1.50^{-}
椭圆型	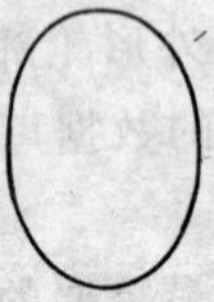 1.00:1.33~1.56	 1.00 : 1.75^{+}	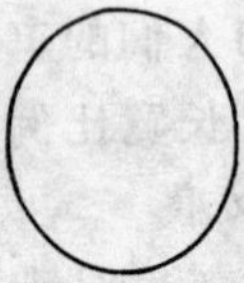 1.00:1.25~1.10
梨型	 1.00:1.50~1.75	 1.00 : 2.00^{+}	 1.00 : 1.50^{-}

注："十、一"表示大于或小于此值

～W14 的磨具，磨具的选择一般根据宝石的硬度而定，为了提高加工效率，硬度大的材料一般选择粒度较粗的磨具，反之则选用粒度较细的磨具。

实际操作中将会知道，粗磨仅限于主小面的切磨，其它小面由于磨削余量较小，一般直接在细磨盘上进行。

切磨工序中应当注意：

(1) 切磨的力度要均匀，以保证同一组小面的大小均匀一致，切磨深度相同，台面和尖底要处于正当位置。

(2) 台面的宽度应适当，一般为腰棱直径的 50%～60%，视宝石折射率的大小稍有变化。

(3) 每磨完一组小面而准备磨另一组小面时，要认真检查角度和圆周分度是否调整过，当确认一切无误后再行动手，切勿盲目地切磨而磨出多余的小面。

(4) 小面尖角的搭接要为抛光留有一定的余量，搭接适当。

(5) 切磨过程中，自始至终要保持水冷。

6. 抛光

抛光是小面型宝石加工的最后一道工序，也是整个过程中最重要、最关键的技术环节。一方面，要通过抛光精确地修整宝石的几何形状，使之更加符合设计的要求；另一方面，只有通过良好的抛光，才能使宝石的外在美（如颜色、光泽）和内在美（如火彩、亮度、闪烁）充分地体现出来。可以说，如果宝石没有良好的抛光工艺，它将会黯然失色，根本无法体现其价值。

那么，怎样才能实现良好的抛光工艺呢？

如同切磨工艺一样，抛光也是在切磨机上完成的，只不过将磨盘更换成抛光盘，在盘面上涂以抛光剂，重复切磨工序罢了。但要实现良好的抛光，确实不是一日之功，因为抛光工艺的好坏与抛光盘的种类，抛光剂的种类和浓度，抛光时的压力和抛光盘的转速等因素有着复杂的关系。而这些关系又没有固定的规律，完全取决于实践经验。

抛光盘的种类对抛光效果和效率有非常显著的影响。

前已论及，抛光盘有软盘、硬盘、中硬盘之分。小面型宝石的抛光必须强调使用硬盘和中硬盘，即由金属、合金、沥青或树脂等材料制作的抛光盘，这类抛光盘抛光出的小面形状规整，外观漂亮，看似镜面，能很好地体现小面型宝石的光学效应。而用软盘抛光，虽然抛光效率高，光度也较好，但抛光面变成了一个弧形表面，小面边棱圆化，由这样一个个弧形表面围成的小面型宝石，会影响光线在其内部的运动状态，即进入宝石内部的光线一部分将从亭部漏掉或在反射面上发生漫反射，光学效应明显地减弱，从而影响宝石的美丽。

硬盘和中硬盘的种类很多，具体到某一种宝石来说，究竟使用哪一种抛光盘最为合适，需要在实际中摸索。一般来说，硬盘适应于抛光硬度较高的宝石，中硬盘适应于抛光硬度较低的宝石。硬盘主要由金属或合金材料组成，如紫铜盘、锡合金盘、铅合金盘等，合金材料的配方不同，用途也不一样，成分以铅为主的合金盘常用来抛光硬度小于 7.5 的宝石，而以锡为主的合金盘常用来抛光硬度大于 7.5 的宝石。

使用硬盘抛光小面型宝石时，往往对抛光盘的表面状态有不同的要求。实践证明，在抛光盘上划出不同形状和深度的划痕，可以提高抛光效率，改善抛光效果。其原因可以解释为：这些划痕可以储存适量的抛光剂，它们在抛光过程中对抛光剂的供给量起着调节作用，即抛光剂供给量较多时，划痕将它们储存起来，当抛光剂供给不足时，它们又在压力的作用下被挤出来提供使用。这些划痕一般都比较小，各种表面划痕见图 4-46。

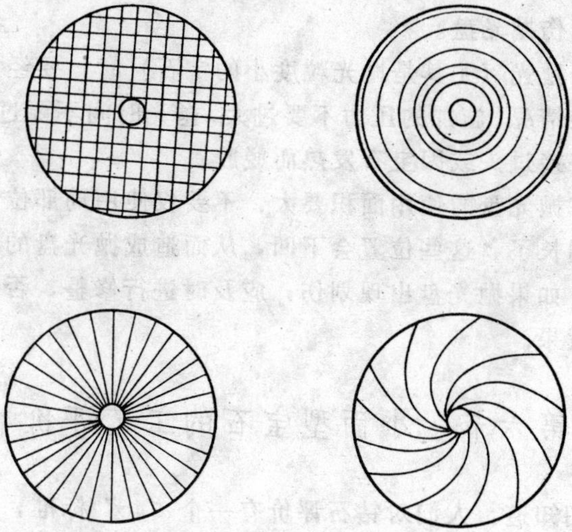

图 4-46　抛光盘的表面状态

理论上认为，宝石抛光工艺的优劣与抛光剂种类无关，而仅与操作人员的技术有关。然而，实际工作中我们注意到，对于不同宝石选择不同的抛光剂与不同的抛光盘相配合，可以提高抛光效率，改善抛光效果。这个问题是一个复杂的问题，没有一定的规律可循，许多经验都是在实践中总结出来的。

此外，抛光剂的浓度，抛光盘的转速以及抛光时施加的压力对抛光效果都有影响，有些影响只是操作人员的一种感觉而已，很难用语言来描述。要作好这一工作，只能在实践中不断地积累经验。

抛光过程中要注意以下问题：

（1）抛光是切磨操作的重复，抛光某一小面时的角度和圆周分度与切磨时是相同的，每抛光一个（一组）小面都要像切磨那样检查圆周分度和角度是否正确。以免抛出多余的小面或划伤抛光盘。

（2）抛光（尤其是抛光粒度小的宝石）时，要经常检查抛光进展情况，施加的压力不要过大，抛光时间不要过长，以防尖角搭接过头或因宝石发热而脱胶。

（3）抛光盘的使用面积要大，不要仅使用局部位置，否则，时间长了，这些位置会下凹，从而造成抛光盘的变形。

（4）如果抛光盘出现划伤，应及时进行修整，否则会影响抛光效果。

第六节　小面型宝石的工艺评价

我们知道，人们对钻石评价有一个“4c”标准，即颜色（colour）、重量（carat）、净度（clarity）和切工（cut），正因为有此评价标准，钻石才有一定的国际市场行情。在评价彩色宝石（尤其是高档彩色宝石）时，虽然没有像评价钻石那样严格的标准，但也应从这四个方面评估其价值，以使彩色宝石的价值评估有一个相对统一的标准。在评价的诸多内容中，有些标准不一定都能统一，但小面型宝石的工艺评价是最基本、最直观的评价内容。

一、小面型宝石工艺评价的内容

按照设计的要求，以正确的比例和角度将宝石切磨成各种款式，能充分发挥宝石的光学效应，体现出宝石的内在美。而令人赏心悦目的造型以及有规律对称排列的各组小面，本身就会给人一种美的享受，这是所谓的外在美，外在美与内在美的完美结合，才能充分体现宝石的价值，而在实际工作中，情况总不会那么令人满意，即使是技术熟练的宝石工匠，稍不留心也会造成失误，使小面切磨得不规范。当今市场上销售的小面型宝石首饰，大多切磨得不规范，这也反映了我国的宝石加工水平，这里指出这一问题的目的在于引起我们的重视。宝石切磨质量的优劣，直接影响到销售及价格，是体现宝石价值的一个重要因素。小面型宝石切磨工艺一般从下面几个方面加以评价：

1. 切磨角度和比例

这本是宝石设计的问题，但对宝石的工艺水平影响较大，故也应列为宝石工艺评价的内容。

小面型宝石的切磨角度和比例是按照光的全内反射原理而设计的，不同的宝石，由于其光学性质不同，应采用不同的角度和比例进行加工。只有这样，才能确保进入宝石内部的大部分光线，通过亭部小面的全内反射又从冠部穿透出，宝石才能产生亮度、火彩等光学效应。否则，将会出现漏光，即“鱼眼”现象。

(1) 亭部角度和比例。亭部主小面的切磨角度都是根据全内反射的原理推导而来的。亭部角度对全内反射影响很大，因此对其要求比较严格，即必须按照设计的角度来切磨宝石。亭部主小面的切磨角度决定了亭部的高度（比例）。

(2) 冠部角度和比例及台面大小。冠部主小面的切磨角度也是根据全内反射原理推导而来的。但冠部高度会因台面的大小而有所变化。人们对成品钻石的研究发现，台面的大小对亮度与火彩的平衡关系有所影响。合适的台面能使钻石产生理想的亮度和火彩［图 4-47 (a)］。较大的台面将减少冠

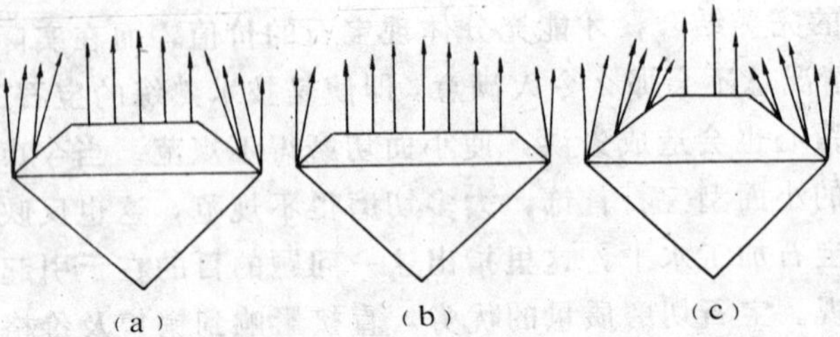

图 4-47　台面大小对宝石外观的影响

(a) 正确比例；(b) 台面大，亮度强；(c) 台面小；火彩强

部小面的范围，产生较强的亮度，但却降低了火彩［图 4-47 (b)］较小的台面使冠部小面的范围增大，火彩更强，但又减少了亮度［图 4-47 (c)］，当台面大小为腰棱直径的 56%时，亮度和火彩达到理想的平衡。对于大多数彩色宝石来说，色散值都不很高，应该更注重发挥其亮度效应。所以，台面相对钻石来说稍大一些。一般在 50%～60%之间，折射率大的宝石台面大一些，反之则小一些。有些不成比例的坯料，设计师为了保持宝石成品有最大的重量，将台面设计得过大或过小，都是不符合工艺要求的。

(3) 腰棱厚度。小面型宝石的腰棱应有一定的厚度，一般应在 0.2～0.3mm 之间，不能太厚但也不能太薄，太薄容易造成崩口。

2. 外观

一粒宝石，其外观美丽与否是给人的第一印象，是最直观的评价内容，它包括下列几个方面的含义：

(1) 外形。亦即宝石的加工款式，一般是根据宝石的形状设计的。常见的有圆钻型、祖母绿型、椭圆型、心型、梨型、橄榄型等。钻石原石多为八面体形晶体，所以适合于加工成圆钻型，而彩色宝石，尤其是冲积砂矿中发现的彩色宝石，大都没有固定的外形，加工时，为了避免材料的损失，提高出成率，常常加工成花样款式，但花样款式对长宽比例有一定的要求（如表 4-3），一般来说应适合人们的视觉，如果一味地追求保重而将宝石的长宽加工得不成比例，将是一件不受欢迎的产品。

还有一种外形不整的情况，纯粹是加工技术问题，即圈形时没能将坯料做成规矩的形状，或者为了保重视材料的形状而随意加工，这种外形不美的设计，显然不会受到消费者的欢迎。来自缅甸、泰国、斯里兰卡的小粒红蓝宝石常有这种情况。

(2)同组小面的均匀与对称。对于标准圆多面型来说，同组小面应该大小均匀一致，其它款式也有同样的要求，但实际情况是：由于切磨时用力不均匀或者有些小面抛光时间过长，造成同组小面不均匀对称。这种现象常会造成以下后果：各组小面尖角搭接不准；圆钻型台面八边不一致；小面大小不均匀；腰棱上下波动。

（3）有否多余的小面。小面型宝石的各组小面都是均匀对称分布的，如果出现多余的小面，可能是在切磨或抛光过程中，角度或圆周分度调整失误而造成的。

（4）尖底是否居中。小面型宝石讲究对称，亭部尖底应该居中，不规矩的切磨常使尖底倾向一边，造成这种情况的原因可能有两种：一是设计时为了保持某一优势（如保留色点或保重），或者为了消除某一缺陷（如尖底正确位置有包裹体）；二是切磨时，因翻转粘胶使腰棱部位与粘杆不垂直而造成的。

(5) 冠部与亭部小面位置对应情况。冠部主小面与亭部主小面及上腰棱小面与下腰棱小面的位置应该对应，如果有偏差，同样影响宝石的外观，尤其是在阶梯型款式中影响最为明显。

图 4-48 代表了以上各种不规矩切磨的情况。

3. 抛光

抛光工艺的优劣是小面型宝石工艺评价最重要的内容，也是体现宝石美丽的重要因素。抛光工艺好的宝石，其小面如同镜面，不仅对光的反射能力强，而且会提高光在宝石中的全内反射能力，即使宝石具有很好的亮度或火彩。宝石只有实现了良好的抛光，才会具有生动的外观。

良好的抛光应体现出宝石应有的光泽，并使表面无砂孔、划痕、火痕等。不同的宝石，折射率不同，对光的反射能力亦不同，故有不同的光泽，如：锆石呈亚金刚光泽；刚玉呈亚金刚～明亮玻璃光泽；祖母绿呈玻璃光泽。

宝石的抛光是否反映出其应有的光泽，可由折射率与反射率之间的关系式确定：

$$\text{反射率}=\frac{(n-N)^2}{(n+N)^2}$$

其中，n 为宝石的折射率；N 为介质的折射率。

我们可以在实践中得出各种常见宝石应有的光泽的印象。

宝石的抛光应提倡在放大镜下工作，它不仅可以检查小面边棱线的对接情况，还可以检查宝石表面的砂孔是否完全去除。而划痕和火痕是劣质或快速抛光的结果，稍加注意即可避免。

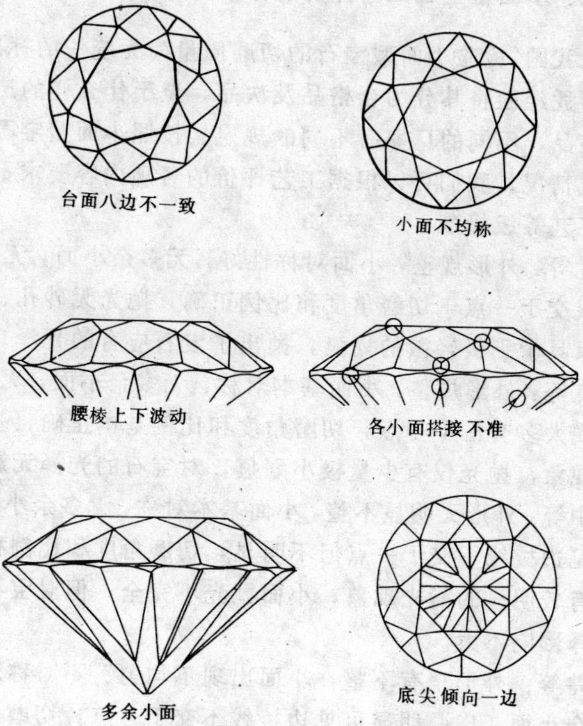

图 4-48　小面型宝石切磨不规矩的现象

二、小面型宝石工艺评价的标准

在我国，检验小面型宝石的切磨质量尚无统一的标准，一般只有凭经验将其分为合格品及次品，至于什么样的产品才叫合格品，不同的厂家有不同的规定。按照小面型宝石加工的完成情况，我们可以根据工艺评价的各项内容要求，制订一个工艺等级标准：

优等：外形规整，小面对称性好，无多余小面，无畸型，边棱线交于一点，切磨角度和比例正确，抛光无砂孔、无划痕或只具个别极轻微的划痕，抛出了宝石应有的光泽。

良等：外形规整，小面基本对称，无多余小面，无畸形，边棱线大多交汇于一点，切磨角度和比例基本正确，基本无漏光现象，抛光仅有少量极小划痕，对宝石的光泽无影响。

中等：外形无明显不整，小面基本对称，无多余小面，肉眼可见边棱线不交于一点但不明显，切磨角度和比例稍有偏差，有较明显的漏光现象，小面抛光不完全，但对宝石的整体光泽影响不大。

差等：外形稍有不整，小面出现不均匀、不对称现象或有多余小面，肉眼明显可见边棱线不交于一点，切磨角度和比例有偏差，有较明显的漏光现象，小面抛光不完全，有砂孔和划痕，对宝石的光泽有一定影响。

劣等：外形明显不整，小面分布不均匀，不对称，多数边棱线不交于一点，有明显的漏光现象，小面抛光不完全，有明显的砂孔和划痕，对宝石的光泽有严重影响。

我国的宝石加工业属于年轻的行业，各生产厂家的工艺水平相差较大。故在此提出此工艺等级标准，以利于各厂家检验自己的工艺水平。

第七节　常见款式的小面型宝石的加工技术

一、概　述

宝石加工的目的是为了实现宝石的内在美与外在美的有机结合。从而体现宝石的价值，小面型宝石也不例外。对于某一特定的材料来说，其价值主要从颜色、重量、内部特征和加工工艺等四个方面来体现，好的设计是体现宝石价值的前提，好的工艺是体现宝石价值的保证。

完美的设计对一个责任心强的宝石设计师来说是一贯执着追求的目标。设计是为体现宝石的价值服务的，宝石设计师拿到一块材料后，首先要对材料的性质、特征进行综合分析，搞清其内部特征和外部状态，然后考虑如何加工，如加工成多少粒，每粒加工成何种款式等，这时应该考虑如何发挥宝石自身的优势（如颜色、火彩、亮度），消除或掩盖其缺陷，在此前提下考虑如何使加工出的成品保持有最大重量。片面地追求保重是不可取的，从经营的角度来讲，宝石的投资一般是比较大的，尤其是高档宝石，大而不美，放在货柜里，长期无人问津，势必造成产品的积压，资金不能周转。

保持成品最大重量的含义是减少加工过程中材料的损失。因加工过程中对材料的磨削，损失重量是不可避免的，问题的关键是如何提高材料的利用率。一般来说，宝石加工的出成率在20%左右，即1g重的材料应加工出1克拉重的成品，如果设计得好，利用率会更高一些，反之会低一些。

宝石材料的形状对出成率影响很大。有些材料三维不成比例，磨削掉又感到可惜，在不影响宝石光学效应的前提下，下列方案可能会解决一些问题。

(1) 材料稍显厚时，缩小台面的宽度，如图 4-49 (a) 所示。

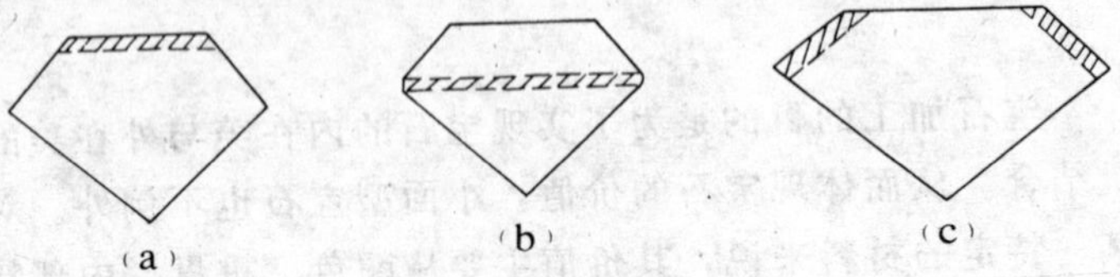

图 4-49 保重方法

(阴影线代表增重部分)

(2) 适当增加腰棱的厚度，如图 4-49 (b) 所示。

(3) 当材料稍显薄时，增加台面的宽度，如图 4-49 (c) 所示。

当然，这些方案会影响宝石的亮度和火彩等光学效应的发挥，故只能在一定范围内变化。另外，适当的改变小面型宝石的切磨角度也是保重常用的方法。实践证明，宝石的切磨角度在 2°范围内变化，对宝石的光学效应的影响并不明显。

保持宝石的最大重量，还要朝获得最大直径方向努力，只有这样才能保证坯料的有效利用率最高，从而体现出宝石的最大价值。为了保持宝石有最大的直径，常常在腰棱部位留下原始晶体的痕迹——小块的晶面。保留这些痕迹即表明由此材料加工出的成品已经“料尽其用”了。这一处理虽然可能仅使宝石的直径增加了零点几毫米，却可能使宝石的价值大增，尤其是高档宝石。就钻石来说，重量为 0.99 克拉与重量为 1 克拉同品质的钻石的价格相差甚大。高档宝石都是如此。所以，在高档红、蓝宝石的腰棱上常常保留有这种痕迹。

宝石切磨款式的选择对于保重尤为重要，选择款式的一个主要目的是出于保重的需要，前面介绍了许多小面型宝石的款式，它代表了几百年来小面型宝石款式的发展历程，其中许多款式已是历史的产物，现在只能在博物馆里见到了。现代珠宝首饰常见的款式主要是圆多面型（包括圆钻型、椭圆型、梨型、心型、橄榄型）和阶梯型。在小面型宝石款式设计所需考虑的诸多因素中，首先考虑的可能是宝石材料的外形。也就是说，宝石设计师在接到一粒材料后，首先应根据材料的外形设计与之形状近似的款式，然后再根据其它特征（如颜色、比例、内部特征）考虑该材料适合加工成的款式，最终得到设计方案。

在各种款式的小面型宝石切磨技术中，标准圆多面型是最基本的切磨款式，其它变型只不过是在其基础上改变圆周分度，使小面分布均匀。这里，我们将详细介绍用机械手宝石切磨机和八角手宝石切磨机切磨标准圆多面型的方法，其它款式也将作必要的图示和说明。

二、标准圆多面型切磨

首先，按照前述的要求将预制好的坯料粘接在粘杆上。按照一般的规律，小面型宝石切磨是从冠部开始的，所以，粘接时应先粘接宝石的亭部。然后进行造型。做好切磨前的准备工作。

(1) 切磨及抛光台面。多数宝石坯料在冲坯时可能已经将台面整平，而有些小的宝石可能需要粘接起来以后再整平台面。台面的切磨和抛光需要一辅助工具——45°角转换器，按图 4-50 所示的方向将粘有宝石的粘杆装卡好，台面向下，将机械手（八角手）的角度调整至 45°，使粘杆与磨盘面垂直，即可切磨台面，继而将台面抛光。对于较大的宝石而言，在粘胶前台面已经被整平，可先完成冠部各组小面的磨抛工作，最后抛光台面。

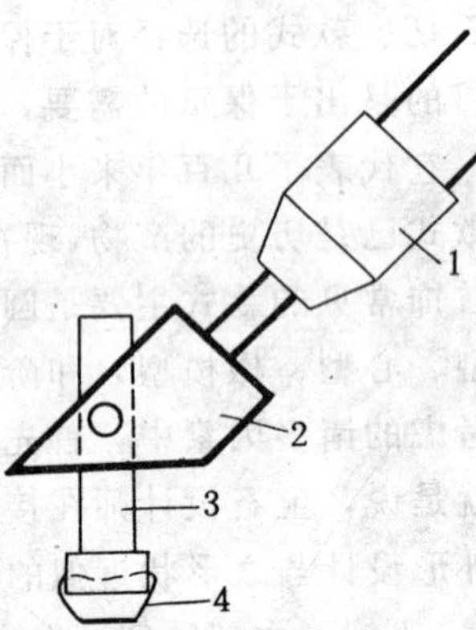

图 4-50　用 45°角转换器磨抛台面

1. 粘杆紧固螺栓；2. 45° 角转换器；3. 粘杆；4. 宝石坯料

(2) 切磨冠部主小面。将粘杆装卡于机械手（八角手）的卡头上，调整角度使之与冠部主小面的切磨角度相吻合。按图 4-51 所示

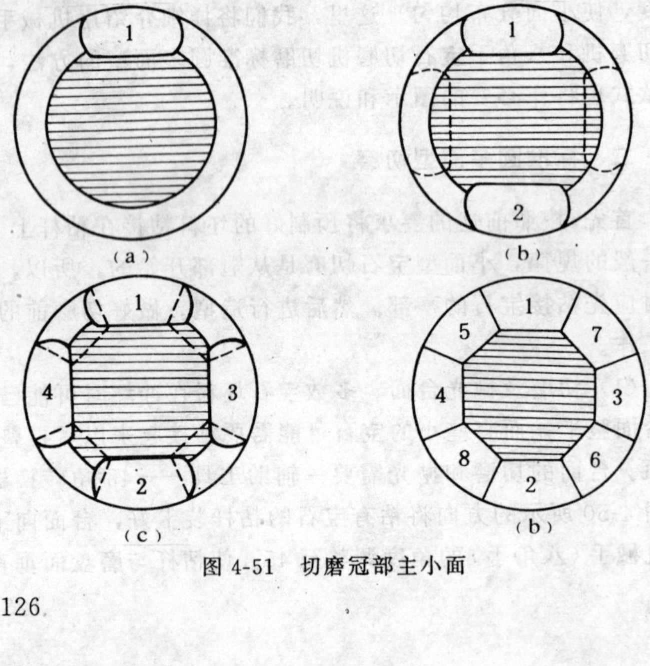

图 4-51　切磨冠部主小面

的顺序切磨出八个主小面。圆周分度指数为：64—8—16—24—32—40—48—56，即八角手 1 孔位时各边代表的圆周分度。

用八角手切磨时，如果技术熟练，可不必按图 4-51 的顺序，只需以八角模块的每一边为基准，依次切磨，但应掌握好切磨力度，使八个主小面的大小均匀一致。

(3)切磨星小面。星小面的圆周分度指数为：4—12—20—28—36—44—52—60，即八角手的 2 孔位时，模块八个边所代表的圆周分度。如图 4-52 所示。

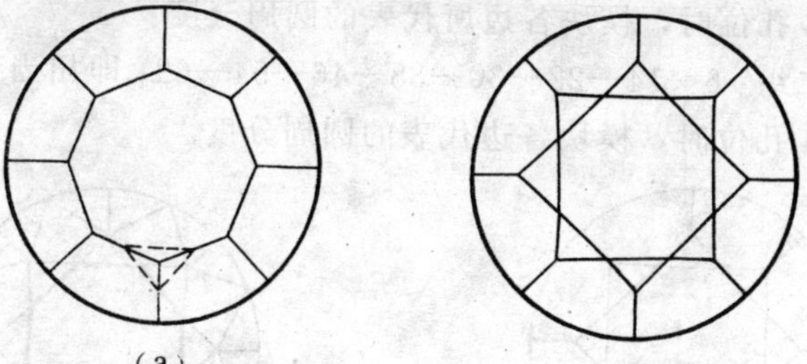

（a）　　　　（b）

图 4-52　切磨星小面

(a) 星小面的切磨位置；　(b) 星小面已完成

星小面的切磨角度比冠部主小面的切磨角度小 15°左右，角度太大或太小都会影响宝石的外观美。对于标准圆多面型来说，合适的切磨角度应使星小面的边棱组成两个交叉的正方形。如图 4-53 所示，切磨角度太大或太小都会影响宝石的外观。

(4) 切磨上腰棱小面。上腰棱小面共有 16 个，分两组，圆周分度指数分别为：

一组：2—10—18—26—34—42—50—58，即相当于八角

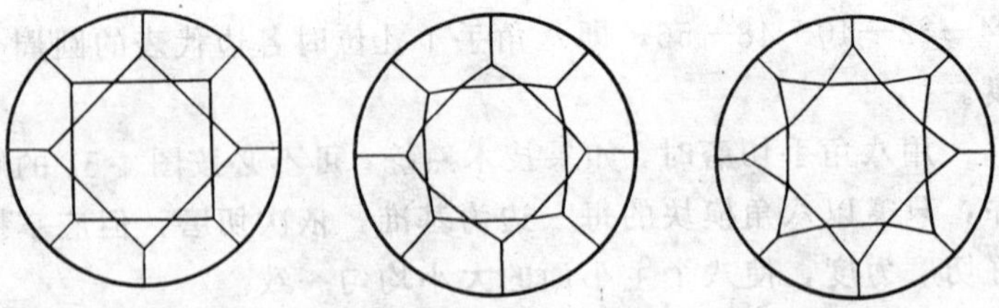

（a）合适的角度　　（b）角度太小　　（c）角度太大

图 4-53　星小面的切磨角度

手的 3 孔位时，模块各边所代表的圆周分度：

二组：6—14—22—30—38—46—54—62，即相当于八角手的 4 孔位时，模块各边代表的圆周分度。

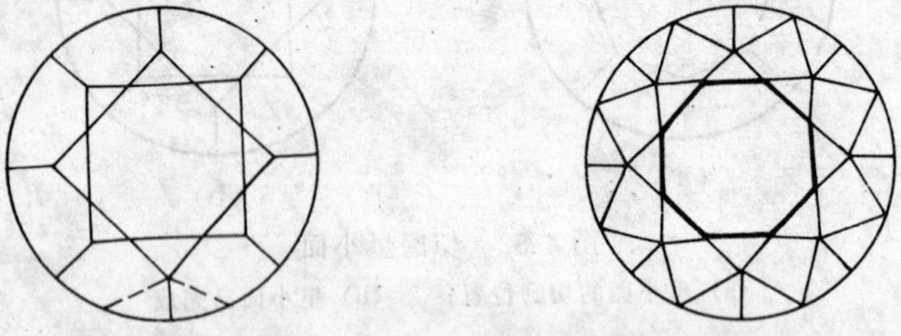

（a）　　（b）

图 4-54　切磨上腰棱小面

(a) 上腰棱小面的切磨位置；　(b) 上腰棱小面已完成

上腰棱小面的切磨角度比冠部主小面的切磨角度大 8°左右，适当地调整使上部尖角正好与星小面尖角搭接，两组上腰棱小面尖角正好在腰棱上交汇（如图 4-55）。

（5）抛光冠部。将磨盘换成抛光盘，在抛光盘上涂布抛光粉，重复切磨时的操作，依次抛光各组小面，抛光顺序为：

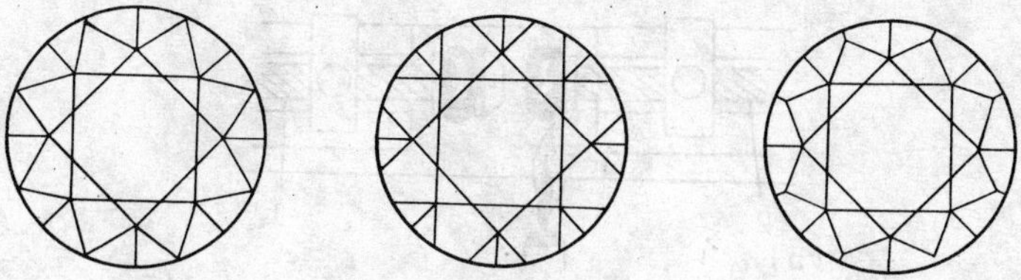

(a)合适的角度　(b)角度太小　(c)角度太大

图 4-55　上腰棱小面的切磨角度

①星小面；②冠部主小面；③上腰棱小面。

(6) 翻转宝石。宝石冠部的加工完毕后，需要将宝石翻转，即将冠部粘接起来，以便切磨亭部，具体操作方法是：将旧粘杆固定在粘接架上，取一根新的平头粘杆，预热并在平头上布以粘胶。如图 4-56 (a) 所示。将新粘杆插入粘接架另一端的 V 形槽中，向前滑动使台面顶住平头并粘于其上 [图 4-56 (b) 所示]，稍加冷却后，取下旧粘杆并将粘胶清除干净，翻转即告完成。

翻转后，粘胶不应埋住腰棱 [如图 4-56 (c) 所示]，以免切磨亭部小面时不能与冠部相应的小面对准。另外，若腰棱被埋，切磨亭部时因看不到腰棱的位置而很难保证腰棱厚度的均匀一致。

(7) 切磨亭部。将粘宝石的粘杆装卡于机械手（八角手）上，调整位置，使冠部、亭部的相应小面对应。

①切磨亭部主小面。按不同的宝石材料调整角度，圆周分度指数与冠部主小面相同。

②切磨下腰棱小面。圆周分度指数与下腰棱小面相同。

下腰棱小面的切磨角度比亭部主小面的切磨角度大 2°

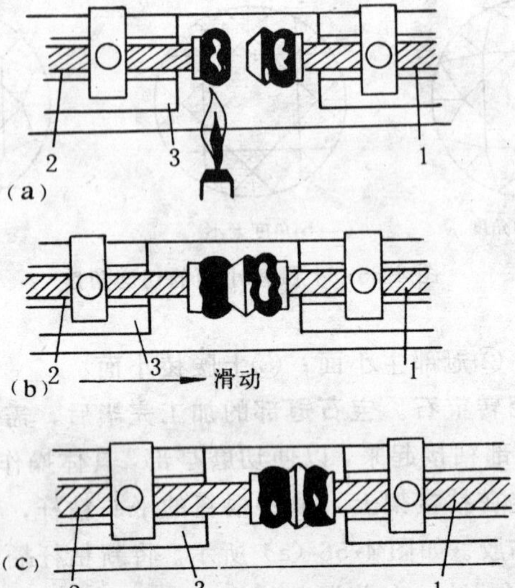

图 4-56　翻转宝石

1. 粘宝石的旧粘杆；2. 新粘杆；3. 粘接架

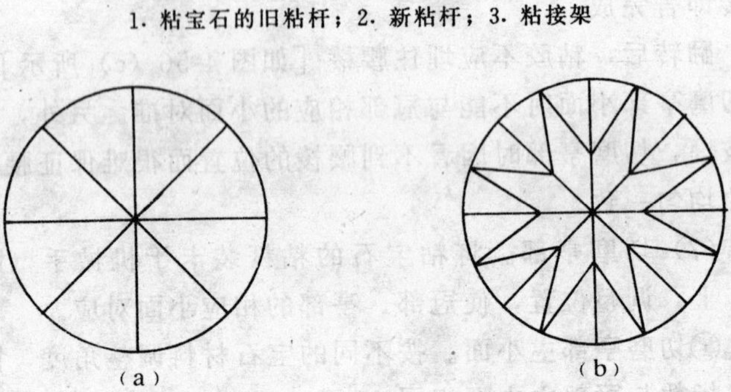

图 4-57　切磨亭部小面

(a) 亭部主小面完成后；　(b) 下腰棱小面完成后

~3°，切磨的棱线应延至尖底$\frac{1}{3}$的位置。

(a)合适的角度

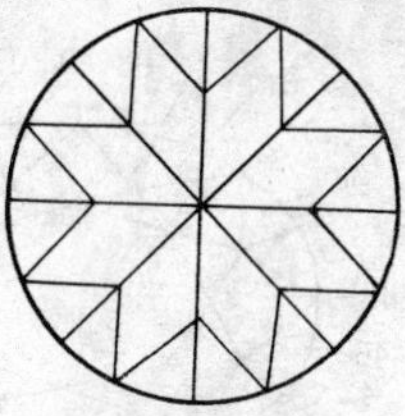
(b)角度太大

图 4-58 下腰棱小面的切磨角度

(8) 抛光亭部小面。抛光顺序为：①亭部主小面；②下腰棱小面。

(9) 修整、清洗。亭部小面抛光完毕后，加工已接近尾声，取下宝石，将腰棱部位作必要的抛光，然后，将其放入碱溶液中煮几分钟，使附着于其上的胶完全脱掉，再在酒精溶液中浸泡一会儿，清除表面污物。

至此，一粒标准的圆多面型宝石加工完毕。

三、椭圆型切磨

外形的这种变化给加工增加了一定的难度，即椭圆型切磨需在圆钻型切磨的基础上改变小面的切磨角度和圆周分度，使小面分布均匀，各组小面对接准确。这些变化对于机械手宝石切磨机来说，相对容易些，而对于八角手宝石切磨机来说，会造成一定的麻烦。所以，为了提高加工效率，用八角手宝石切磨机切磨椭圆型款式时，通常不按标准的方法进行切磨，这里将分别介绍利用这两种设备切磨椭圆型款式的方法。

选用 64 分度机械手，分度轮制动卡卡于 64 分度的位置，

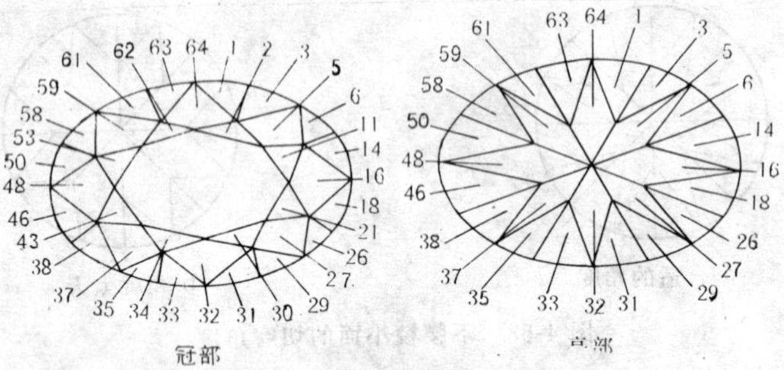

图 4-59 椭圆型切磨的圆周分度

调整宝石坯料的装卡位置，使椭圆形长轴与 64～32 分度的方向垂直。切磨规矩与否的关键是角度和圆周分度的调整。具体步骤为：

(1) 切磨并抛光台面。

(2) 切磨冠部主小面。先以 64、32 分度切磨椭圆形长轴方向上的两个小面，再以 59、37、27、5 分度切磨非长短轴方向的四个小面，最后以 48、16 分度切磨短轴方向上的两个小面，这些小面的切磨角度是不同的，其中非长短轴方向的四个小面的切磨角度为冠部主小面的切磨角度，长轴方向的两个小面的切磨角度要稍大一些，而短轴方向的两个小面的切磨角度要稍小一些，角度和圆周分度的变化使各小面大小基本均匀一致。各小面的切磨深度应大致在一个平面内。

(3) 切磨星小面。以 62、34、30、2 分度和 53、43、21、11 分度切磨八个星小面，其中前四个小面切磨角度相同，后四个小面切磨角度也相同。

（4）切磨上腰棱小面。上腰棱小面有 16 个，相对位置的四个小面切磨角度相同，即 63—1 和 33—31，61—3 和 35—29，58—6 和 38—26，50—14 和 46—18，调整各小面的切磨角度，使之切磨深度与冠部主小面在同一平面内。

（5）抛光冠部小面。抛光顺序为：①星小面；②主小面；③上腰棱小面。

（6）翻转粘接宝石。

（7）切磨亭部主小面。亭部主小面的圆周分度与冠部主小面相同。四个非长短轴方向的小面的切磨角度为亭部主小面的切磨角度，另四个小面的切磨角度需要调整，使它们交于一点。

（8）切磨下腰棱小面。下腰棱的圆周分度与上腰棱小面相同，16 个小面也应以四个不同的角度切磨，角度调整要求与圆钻型相同。

（9）抛光亭部小面。抛光顺序为：①亭部主小面；②下腰棱小面。

用八角手宝石切磨机切磨椭圆型宝石时，同组小面以不同的角度切磨有一定的困难，因为其角度指示标志有限，如果改变角度，很容易造成失误。所以，同组小面通常以相同的角度切磨，并且通常切磨成变型。这里仅介绍两种变型切磨方法。

1. 切磨冠部

冠部可以切磨成标准型，但为了使小面大小基本一致，分度有所变化，如图 4-60（a）所示。如果宝石较小，也可采用图 4-60（b）的简化形式。

2. 切磨亭部

亭部常切磨成变型（俗称杂底），常见的形式如图 4-61 所

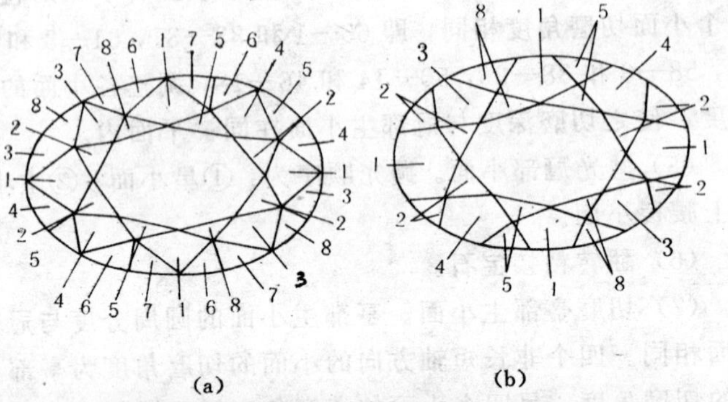

图 4-60 椭圆型冠部的两种八角手切磨方法

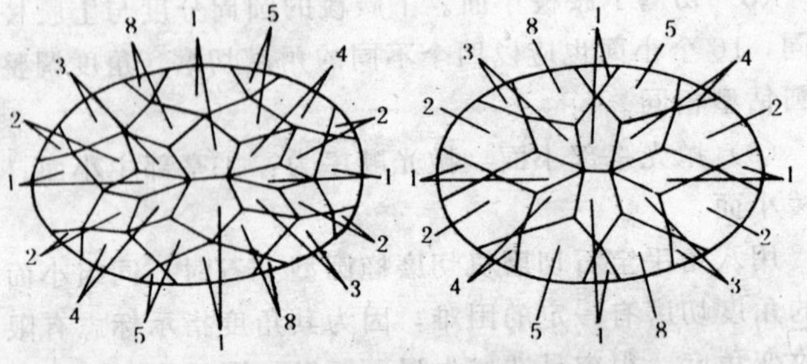

图 4-61 椭圆型亭部的两种八角切磨方法

示。它们均是以 1、3、4 孔位交替切磨四组或三组小面。

四、梨型切磨

机械手切磨梨型的图解，如图 4-62 所示。选用 64 分度的机械手，坯料的尖部对准 32 分度的位置，装卡好坯料，切磨并抛光台面。

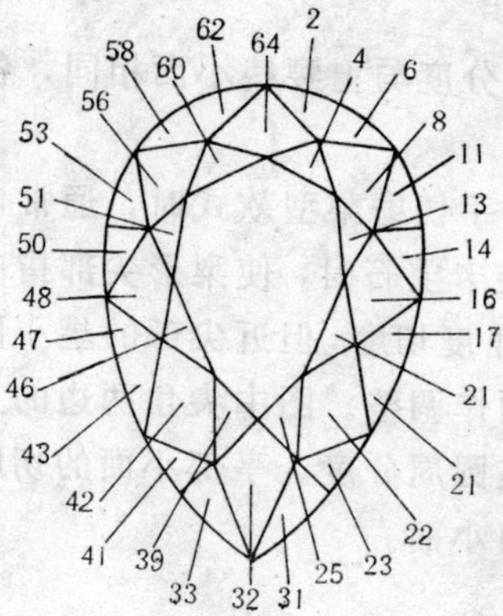

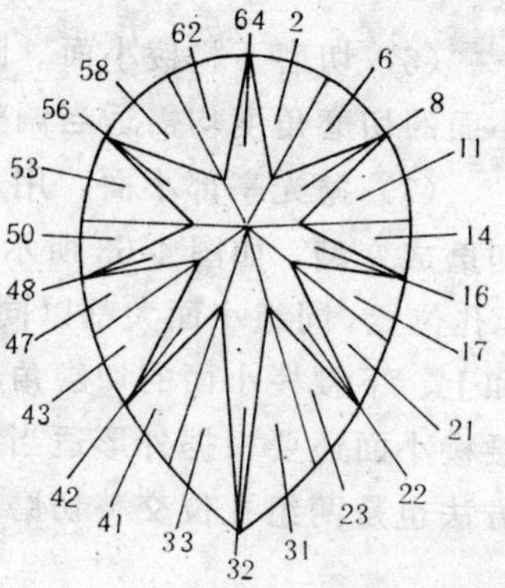

图 4-62 梨型切磨的圆周分度

（1）切磨冠部主小面。圆周分度：64、8—56、48—16、42—22、32，其中 48—16 分度切磨的小面角度代表冠部主小面的切磨角度，其它小面的切磨角度视情况调整，越向尖部，切磨角度越小。

（2）切磨星小面。圆周分度：60、51、46、39、25、21、13、4，角度和圆周分度均需微调。

（3）切磨上腰棱小面。圆周分度：62—2、58—6、53—11、50—14、47—17、43—21、41—23、33—31，切磨角度依次递减，调整角度，使预留腰棱基本在同一平面内。

（4）抛光冠部小面。抛光完成后即翻转粘接坯料。

（5）切磨亭部主小面。圆周分度与冠部主小面相同。48—46 分度切磨的小面角度代表亭部主小面的切磨角度。其它小面的切磨角度视情况作必要的调整，使各小面在尖底交于一点。

(6) 切磨下腰棱小面。圆周分度与上腰棱小面相同，各小面的切磨角度均需适当调整。

(7) 抛光亭部小面。用八角手切磨梨型款式时，通常也切磨成变型，如图 4-63 所示，装卡宝石时，使梨形尖部指向 1 孔位置，同组小面大都以同一角度切磨，但近尖部的星小面和上、下腰棱小面的切磨角度须作调整。图中尖角两边的上腰棱小面还要根据外形适当调整圆周分度。亭部小面的切磨方法也是两组孔位交替切磨四组小面。

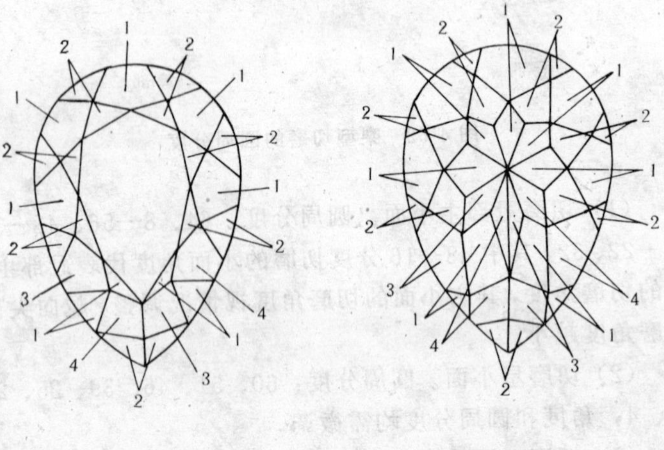

图 4-63 梨型的八角手切磨法

五、橄榄型切磨

选用 64 分度机械手装卡宝石，使橄榄形长轴方向与分度轮的 16—48 分度方向一致，切磨并抛光台面，切磨图解如图 4-64 所示。

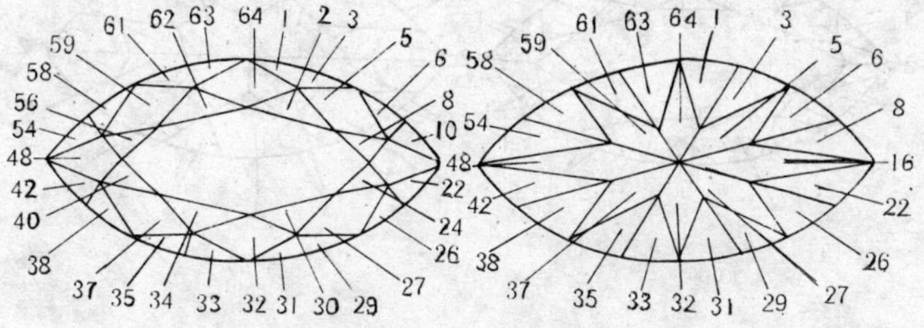

冠部　　亭部

图 4-64　橄榄型切磨的圆周分度

(1) 切磨冠部主小面。先磨长轴方向（64—32 分度）上的两个小面，再磨非长短轴方向（59—37、27—5）上的四个小面，最后磨短轴方向的两个小面，调整角度使八个小面的切磨深度相同，其中四个非长短轴方向上的切磨角度为冠部主小面的切磨角度。

(2) 切磨星小面。圆周分度：62—2、30—34、56—40、24—8，榄尖两头的星小面的切磨角度稍小，注意调整角度。

(3) 切磨上腰棱小面。圆周分度：63—1、31—33、61—3、29—35、58—6、38—26、54—42、10—22，由于长宽比例变化，上腰棱小面的切磨角度和圆周分度都要作细微的调整，方能使小面对接准确，使腰棱大致在同一平面内。

八角手切磨橄榄型款式图解如图 4-65 所示，装卡宝石使长轴方向与八角手模块一孔位的边平行。同组小面大致以相同角度切磨。

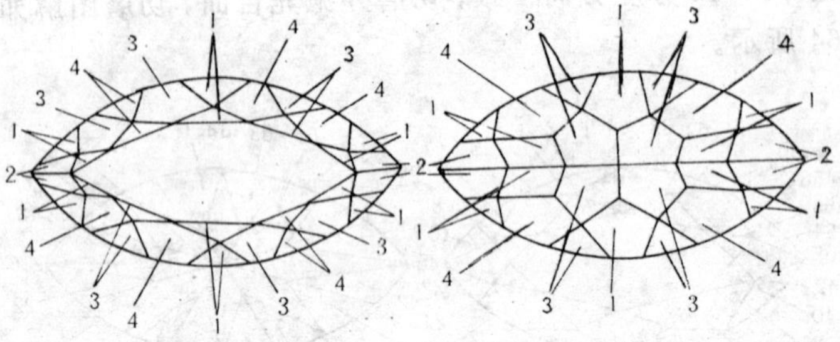

图 4-65 橄榄型的八角手切磨法

六、祖母绿型切磨

祖母绿型切磨方法看似简单，但要磨出好的成品也有一定的难度。因为其表面由阶梯状小面所围成，上、下小面边棱线的平行度问题对宝石的外观有很明显的影响，特别是比较大的宝石更是如此。所以，切磨时应注意角度和圆周分度的微调，使梯形小面的边棱相互平行，并使小面宽度基本一致。

首先，切磨并抛光台面，然后，装卡宝石，使坯料的某一边与分度轮的 16—48 分度方向或八角手模块一孔位所在的边的方向一致。先以 64—32—48—16 的圆周分度（一孔位）将其磨成矩形，再以 56—40—24—8 的圆周分度（一孔位）去掉四个角，四个角的去除量要大小一致。

(1) 切磨冠部小面。圆周分度和切磨顺序与造型时相同，先切磨近台面的一组小面，预留台面的宽度为 50%左右。变换角度以相同的圆周分度切磨近腰棱的一组小面。

（2）抛光冠部小面，然后翻转宝石。

（3）切磨亭部小面。按照冠部定位的方法装卡好宝石坯料，圆周分度也与冠部相同，首先切磨近腰棱的一组小面，依次向下切磨各组小面。

（4）抛光亭部小面。

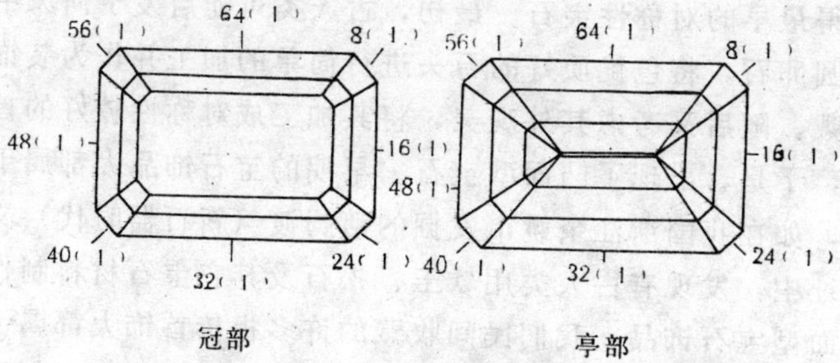

图 4-66　阶梯型切磨的圆周分度（孔位）

以上介绍了五种常见款式的小面型宝石切磨方法，心型切磨与梨型切磨有相似之处，这里不另作介绍，只要我们掌握了这些基本切磨方法，具备熟练地操作宝石加工机械、灵活地变换角度和圆周分度的技能，就可以根据加工的具体情况，切磨出工艺合格、款式新颖的小面型宝石。

第五章 凸面型宝石

凸面型宝石是人类使用得最早的宝石首饰之一，也是使用得最早的对称性宝石。最初，古人类可能启发于河床中的滚圆卵石，将色优质好的石头进行简单的加工并作为装饰品佩戴，随后又考虑其外观美，将其加工成对称性较好的首饰品，于是，出现了凸面型宝石。早期的宝石饰品大都属于此类，如在我国浙江余姚市发掘的河姆渡（新石器时代）文化遗址中，发现有古人类用软玉、松石及其它宝石材料制作的凸面型宝石饰品，我们民间收藏的许多祖传首饰大都属于此类。凸面型宝石首饰在现代消费中亦占有很大比例，可见其影响之深远，地位之重要。

那么，何为凸面型宝石呢？广义地说，表面突起的、截面成流线形的所有宝石都可归为凸面型宝石的范畴，也就是除小面型宝石及雕刻工艺品之外的所有宝石。但是，凸面型宝石毕竟是通过人为加工过的、具有一定美学价值的首饰品，所以，现代凸面型宝石一般是指表面突起的、截面呈流线形的、具有一定对称性的宝石。在我国，凸面型宝石又有弧面型宝石、腰圆宝石、蛋圆宝石、素身宝石等别称。

第一节 凸面型宝石的款式

凸面型宝石的款式有许多，归纳起来大致可按侧面形态和俯视形态分类。

一、按其侧面形态分

1. 单凸型

这是一种常见的款式。其特点是底部为抛光或未经抛光的平面，上部为一馒头形突起的弧面，在所有宝石的凸面型加工方法中都可以使用这种款式，按其突起的高度与底部尺寸的比例可将其分为：

（1）高凸型。高度与底面宽度之比在1∶1或大于该比例。

（2）中凸型。高度与底面宽度之比在1∶2左右。

（3）低凸型。高度与低面宽度之比在1∶(3～5)之间。

2. 双凸型

这种款式腰部为较宽的部位，腰部上下均为突起的弧面，一般而言，上部突起较高而下部较低，下部一般不抛光。在中高档宝石及一些具特殊光学效应的宝石中常见。

3. 凹凸型

在这种款式中，宝石表面向上突起而底部被挖空。这种款式常用于颜色较深的透明宝石，因底部被挖空减少了宝石的厚度，从而改善了宝石的透明度也即改善了宝石的颜色。

二、按其俯视形态分

凸面型宝石的款式又可分为：圆形、椭圆形、橄榄形、梨形、鸡心形、矩形、悬滴形、十字形、多角形等。图5-1代表了凸面型宝石款式的各种类型。

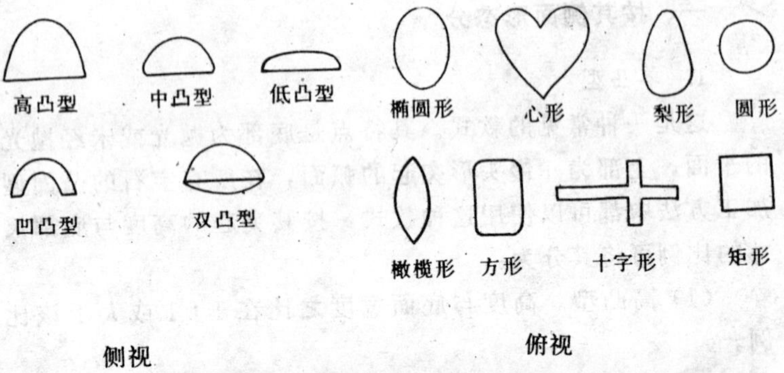

图 5-1　凸面型宝石的款式

第二节　凸面型宝石的特殊光学效应

我们已经知道，当光线从空气中投射到物体表面时，其运动状态会发生改变，如折射、反射、干涉、衍射等。有些宝石由于其具有特殊的结构或含有定向排列的包裹体，如果按照正确的方法，选择适当的款式将其加工成凸面型宝石，会产生一些奇异的光学现象。如凸面型款式的红、蓝宝石中见到的璀璨夺目的星状光芒，月光石中发出的柔和的淡蓝色光彩，欧泊中产生的五颜六色的变彩等。我们将这些奇异的光学现象称为凸面型宝石的特殊光学效应。

凸面型宝石的特殊光学效应是宝石材料的内部结构造成的，只有采用正确的方法将这些材料加工成凸面型宝石，这些光学效应才能被完美地体现出来。这些宝石也将变得十分珍贵，以致价值连城。但是，如果加工方法不当，就会使其价值大大降低。所以，这类宝石的加工应持以慎重的态度。了解其形成机理是十分必要的，只有在此基础上施以精湛的工艺，才能加工出体现其最高价值的成品。这里，我们详细介绍几种常见的凸面型宝石的特殊光学效应及其形成机理。

一、猫眼效应

所谓猫眼效应，是指在以特殊方法琢磨的某些凸面型宝石表面出现的从一头到另一头的明亮光带。

“猫眼”(chatoyancy) 一词来源于法语 chat（猫）和 oeit（眼），现在便通俗地称为猫眼（cat’s eye）。一块好的猫眼宝石，在光的照射下，其顶部是一条清晰可见的狭条状光带，当移动宝石、光源或观察者的眼睛移动时，光带也随之移动，酷似猫的眼睛在转动，“猫眼”即由此而得名。

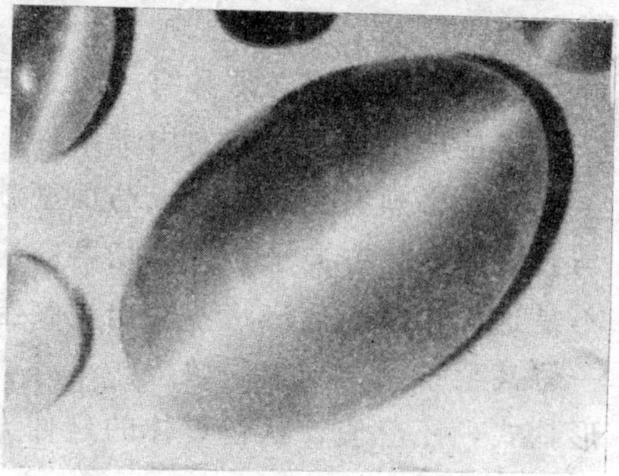

图 5-2 猫眼效应

猫眼效应的形成是由于宝石中所含的一组平行针状包裹体或线状孔穴对光的反射作用而产生的。在某些宝石材料中，由于其中含有一组平行排列的细小针状包裹体，如果将其琢磨成如图 5-2 所示的凸面型款式，并使其底面或腰棱与包裹体延伸方向平行，由于宝石表面是一弧面，当光线射入其表面时，针状包裹体将光线向各个方向反射，而当在某一位置观察时，只能看到反射光的一部分（如图 5-3 所示），亦即是一条亮带，这就是所谓的“猫眼效应”。

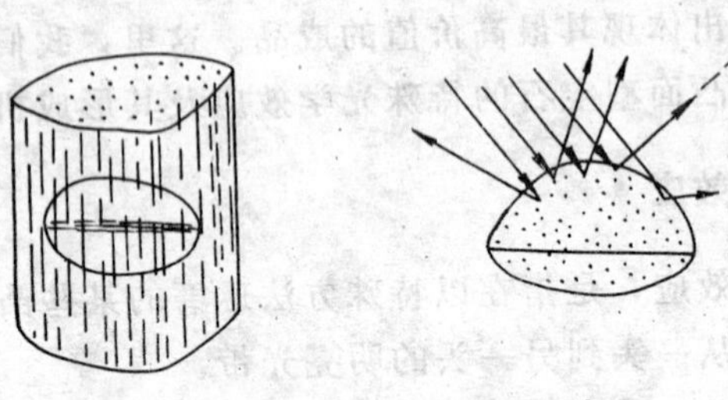

（a）

（b）

图 5-3　猫眼效应的形成机理

(a) 含针状包裹体的晶体；(b) 包裹体对光的反射形成亮带

由以上分析可以看出，猫眼效应的产生必须具备以下两个条件：

(1) 宝石内部必须具有一组定向排列的针状包裹体或孔穴，这是产生猫眼效应的内部条件。

(2) 必须将宝石切磨成凸面型款式，并使其底面或腰棱与包裹体延伸方向平行，即切磨时应将宝石进行定向。如果不是这样，猫眼效应将不会出现在宝石的正中央，而是偏向一侧甚至不会出现猫眼效应。另外，如果宝石被切磨成椭圆形款式，还应使针状包裹体的延伸方向与椭圆的长轴方向垂直。

能够产生猫眼效应的宝石有很多，如红宝石、蓝宝石、海蓝宝石、石英、电气石、金绿宝石等，而只有金绿宝石猫眼才能直接称为猫眼，其它宝石猫眼都要在前面加上矿物名称，如蓝宝石猫眼、海蓝宝石猫眼等。

在所有显示猫眼效应的宝石中，金绿宝石猫眼最为珍贵，这是因为其产出少，并且多具有良好的颜色和较高的硬度，不易磨损和破碎。更重要的是，金绿宝石猫眼的光带表现得极为细窄，明亮和灵活，转动宝石或移动光源时，光带活灵活现，酷似猫的眼睛，正因为如此，它同钻石、祖母绿、红宝石、蓝宝石一起，被列为“五大名宝石”之一。

金绿宝石为斜方晶系矿物，通常以扁平状或板状晶体产出。在晶体内部平行于 c 轴的方向上，通常存在一组微小而密集显微针状包裹体或管状包裹体，光线在针状包裹体群的反射作用下表现出与针状包裹体延伸方向垂直的闪光，这种包裹体具备了产生猫眼效应的内部条件。在加工时，首先要找准包裹体的延伸方向，利用 10 倍放大镜，可以借宝石的边角或破碎处很容易找到。如果是较完整的晶体，方向是不难确定的。找准方向后，用防水油笔作好标记。与这一方向平行的 360°范围内的任一平面均可作为凸面型宝石的底面或腰。这一方向一定要选准，否则，切磨出的猫眼光带将不会出现在凸面型宝石顶部中央。在设计时，还应注意使椭圆长轴方向与包裹体延伸方向垂直，这样才能保证光带出现在椭圆形长轴方向上，光带的任何偏离都会导致宝石价值的损失。

凸面型宝石弧形表面的曲率对猫眼的光带有一定影响，即曲率越大，光带越窄、越清晰。所以，一般趋向于将弧面曲率做得大一些，即猫眼宝石通常被加工成中高凸面型款式。有时也加工成双凸型款式，这主要是因为材料厚度所限制，即加工成一粒时材料太厚，加工成两粒又太薄。双凸面型一般使上部曲率大，下部曲率小且通常不抛光。

二、星光效应

星光效应是指在切磨成凸面型款式的某些宝石中见到的，通常为4道或6道星状光芒的效应。如图5-4所示。这些宝石在光线的照射下，表面出现的星状光芒就如夜空中的星光闪烁，十分美丽。星光（asterism）光芒一般为4道或6道，少数情况下可出现3道、5道，甚至10道或12道，它们属于异形星光宝石。

图5-4 星光效应

星光效应的形成机制与猫眼效应有相同之处，即它们都是由宝石内部定向排列的针状包裹体或线状孔穴对光的反射作用的结果，所不同的是，能够产生星光效应的宝石内部具有两组或两组以上定向排列的包裹体。因此，星光效应可以看作是几个猫眼效应的组合。

能够显示星光效应的宝石包括红宝石、蓝宝石、镁铝榴石、尖晶石、石英、绿柱石、透辉石等。还有许多宝石，虽然也具有定向排列的包裹体，但因其数量不足而不能显示出星光，当这些宝石被切磨成凸面型款式时，偶尔也能见到从这些包裹体中反射出来的光，这种光被称为“丝光”。

现在，让我们以星光蓝宝石为例，考察一下星光宝石的形成机理。蓝宝石为刚玉类宝石的一种，其化学分子式为

Al_2O_3，由于含少量的其它元素而使其显示蓝色。

三氧化二铝是组成地壳的主要化学成分之一，但形成的刚玉类宝石矿物很少，这主要是因为它与二氧化硅的结合能

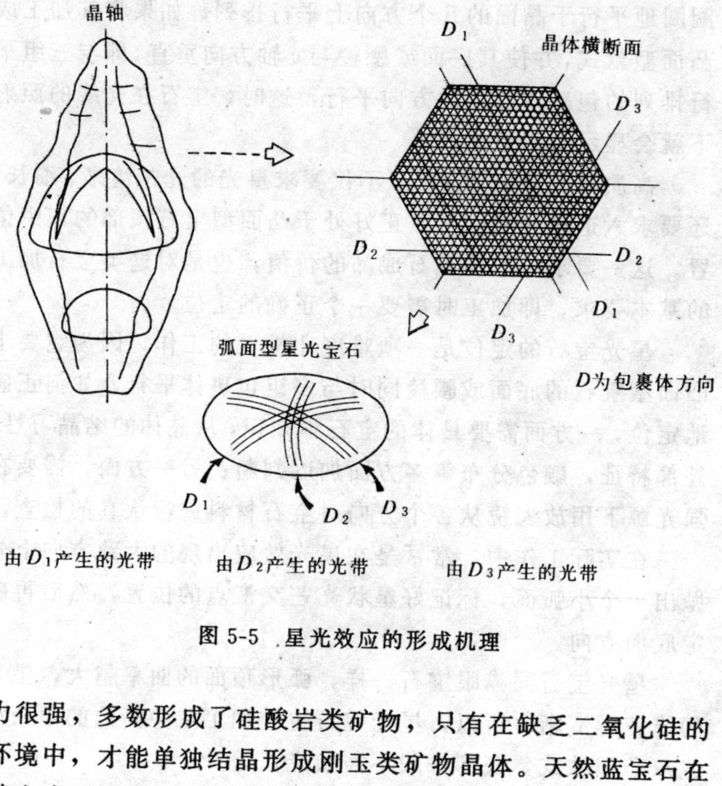

图 5-5 星光效应的形成机理

力很强，多数形成了硅酸岩类矿物，只有在缺乏二氧化硅的环境中，才能单独结晶形成刚玉类矿物晶体。天然蓝宝石在其生成环境中，常含有许多其它矿物和杂质，晶体在生长时，一些细小的针状包裹体就可以被卷入其中，并且按一定方位定向排列。如果平行排列的包裹体只有一组，那么，经加工成凸面型宝石后，在光线的照射下，就会出现一条与针状包

裹体排列方向垂直的亮带，这就是我们前面所讲的猫眼效应。而刚玉类宝石为三方晶系矿物，常结晶成六边形带锥的柱体，如图 5-5 所示。在晶体生长过程中，常常是环绕结晶轴的 c 轴一圈圈地增大的，其生长环境中的细小针状包裹体也随之一圈圈地平行于晶面的几个方向上平行排列，如果将其加工成凸面型款式，并使其底面或腰棱与 c 轴方向垂直，即与三组平行排列的包裹体的延伸方向平行，这时，宝石在光线的照射下就会显示出六道星光。

高质量的星光蓝宝石，不仅要求星光的光芒清晰、细长，还要求六道星光的交汇点正好处于凸面型宝石顶部的正中位置。这一要求关系到宝石成品的价值，也是对这类宝石加工的基本要求，即加工时需要一个正确的定位。

星光宝石的定位是一项难度比较大的工作，因为它要求凸面型宝石的底面或腰棱同时与多组包裹体平行，如何正确地定位，一方面需要具体的宝石学知识，从晶体的结晶习性，外部特征，颜色分布等多方面加以判断；另一方面，需要在强光源下用放大镜从各个方向对宝石材料进行认真的检查。

在实际工作中，常常是在星光效应出现的大致方向上先抛出一个小弧面，标记好星状光芒交汇点的位置，然后再确定底面方向。

星光宝石同猫眼宝石一样，弧形顶面的曲率越大，星光的光芒越清晰，所以，星光宝石也应加工成中高凸的单凸型或双凸型款式，底部一般不需抛光。

另外，如果加工成椭圆形，在不影响宝石重量的前提下，对星光宝石的光芒定向也有一定的要求，四射星光的光芒方向要分别与椭圆的长短轴方向一致，而在六射星光中，要使其中一条光芒与椭圆长轴方向一致。

三、光彩效应

光彩效应是由宝石内部的包裹体或结构特征所反射出来的光而产生的一种漫反射效应。

能产生光彩效应的宝石的典型例子是月光石，月光石是长石类宝石的一个重要品种，质量最好的月光石常常表现出一种令人喜爱的淡蓝色光彩，这种效应是由月光石的特殊结构造成的。月光石是由正长石和钠长石组成的超显微互层结构，这两种长石的折射率稍有差异，当光线进入宝石时，在这种互生结构中产生多层次的反射，即出现光彩效应。光彩的颜色取决于长石层的厚度，如果长石层极薄，则出现一种淡蓝色光彩，这种颜色的光彩较稀少且较珍贵，常见的主要是较厚的长石层的互层结构产生的乳白色光彩，它皓如月光，月光石即是因此而得名的。

由于月光石的光彩是光线从正长石和钠长石的互层结构中反射而形成的，这就要求我们在加工月光石时，必须对其进行定向，即应使凸面型宝石的底面或腰棱与这种互层结构的层面平行，如果不是这样，那么，光彩将会受到损失。底面与层面垂直时，将不会出现光彩，而代之以出现猫眼效应，所以，这种宝石定向的关键是要找到这种互层结构的层面方向。

了解月光石的物理性质，对确定其互层的层面方向是有帮助的。月光石发育有两组解理，其中一组解理方向正是互层结构中的层面方向，懂得了这一点，利用解理的一些特点，就不难找到月光石的层面方向，一般从材料表面某处遗留的微小解理面就可以迅速而准确地判断解理面的方向，而月光石有两组解理，如何确定哪一组解理方向为层面方向呢？这时应观察解理面的特征，在某一解理面上可能会出现乳白色或淡蓝色闪光。

如果没有这方面的经验，可以在宝石材料的几个方向上试磨一下，以此找出产生光彩效应的方向，这种方法较为可靠。

由于月光石解理发育，易脆，因此，它常被加工成中高凸型款式。

四、变彩效应

变彩效应是指光线从薄膜或从欧泊所特有的结构中反射出，经过干涉或衍射作用而产生的颜色或一系列颜色。

凸面型宝石中能显示变彩效应的典型例子是欧泊。

欧泊亦称为贵蛋白石，其化学成分为二氧化硅，分子式为 $SiO_2 \cdot nH_2O$，结构中通常含有 4%～10%的结晶水。

欧泊的变彩效应是由其特有的内部结构造成的，在电子显微镜下观察将会看到，欧泊由有规律叠加的三维球体群组成，这些球体十分微小，直径仅若干个诺米左右。所以，球体与球体之间的间隙也十分微小，大致与光的单个波长相当，当光线通过二氧化硅球体彼此间的孔隙时，就会发生干涉或衍射作用。

不同的欧泊，其球体的体积也有所变化，有些欧泊，可以使可见光的各个波段的光都从它们之间通过，这种欧泊产生从红到紫的全波段干涉色，成为最迷人的欧泊，当转动它时，会感到颜色在不断地变化和流动。另外一些稍小球体的欧泊，将阻挡红色及橙色波段的光通过，所以只能看到绿到紫的颜色；还有些欧泊，组成它的二氧化硅球体非常之小，只有紫光和蓝光可以从它们中间通过，这种欧泊称之为蓝欧泊。

欧泊中可以出现各种颜色的变彩。

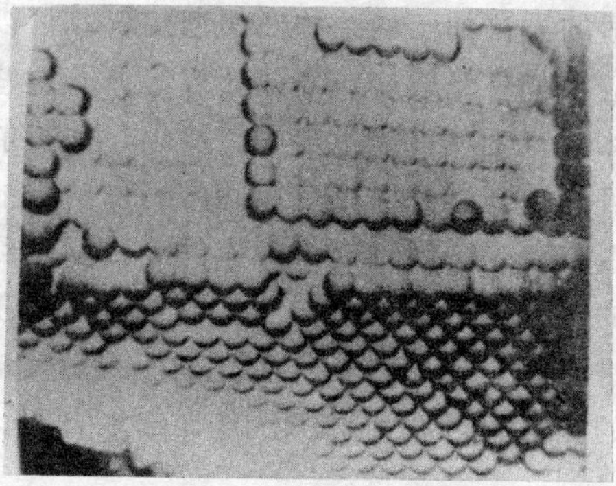

图 5-6　欧泊的结构

欧泊主要产于澳大利亚的新南威尔士及昆士兰，通常以小片的夹层形式产出，并且，欧泊在近于一个平面上时其变彩效应最好，这两个因素决定了欧泊通常被加工成低凸面型款式。

以上介绍了凸面型宝石中常见的特殊光学效应，其它还有在日光石中所见到的由片状包裹体对光的反射作用而产生的星彩以及在拉长石中所见到的由解理原因产生的拉长石晕彩，它们构成了凸面型宝石的特殊光学效应的总体。

第三节　凸面型宝石的设计

在小面型宝石这一章中，我们详细讨论了小面型宝石设计的有关问题，凸面型宝石设计要遵循的原则与其基本相同。因此，许多问题都可借鉴。同时，凸面型宝石的设计有其特殊性，这里仅补充几点。

一、具特殊光学效应的宝石设计

前已论及，以合适的方法加工的某些凸面型宝石，可以显示出特殊的光学效应，如星光效应、猫眼效应等。而这些效应只有在一定的晶体方位上才能显示出来，所以，加工前的设计工作中，要对可能出现特殊光学效应的宝石作认真的检查，搞清楚它们是否具备出现特殊光学效应的条件（如红宝石中是否含有足够的定向排列的针状包裹体）及可能出现的方位，在此基础上进行加工，才能使这些光学效应完美地体现出来。有关定向的方法，已在前节中作过详细地介绍。

二、凸面型宝石款式的选择

凸面型宝石款式的选择主要应该考虑保持宝石成品的最大重量，体现其美丽的颜色，突出其光学效应等因素。

保持凸面型宝石成品的最大重量仍是体现宝石价值的重要因素，高档宝石尤其如此，所以，在选择凸面型宝石的款式时，应该根据材料的外形特征，考虑将其加工成何种外形，以及其突起的高度，以做到料尽其用。

对于某些宝石来说，保持宝石成品最大的重量并不是唯一考虑的因素，还要考虑如何体现宝石的其它方面的优势。例如，颜色优势。有些宝石颜色虽然很好，但由于透明度差而使颜色显得太深，这时，应该将宝石的厚度加工得薄一些，以使颜色优势发挥出来，重量虽然损失了，但透明度和颜色得到了改善，同样可以提高宝石的价值。相反，如果材料本身的颜色较浅，则可加工得厚一些。

具特殊光学效应的宝石材料的设计，首先要考虑的是如何使这些特殊光学效应得到更好地发挥，即应将材料作合适的定向，在此基础上再来考虑如何使宝石成品具有最大的重量。另外，具特殊光学效应的宝石一般选择圆形或椭圆形外形(具变彩效应的欧泊除外)，当它们被加工成椭圆形外形时，具猫眼效应的宝石应使光带出现在椭圆形的长轴方向上；具星光效应的宝石应使其中的一束光芒出现在椭圆形长轴方向上。

具特殊光学效应的宝石多加工成双凸型款式，即具一个中～高凸型的顶部和低凸型的底部，这主要是出于保重的需要，对于某些材料来说，这一处理是十分必要的。但是应该记住，一旦宝石被镶嵌成首饰以后，底部部分是不可见的，如果底部厚度太大，势必造成宝石因重量增大而提高了价格，显然是不容易被顾客接受的，与其这样，还不如在不影响宝石光学效应的前提下，将宝石加工成两个单凸型的宝石，可能更有利于产品的销售而总价不会变化。

三、宝石设计中对瑕疵的处理

凸面型宝石设计中经常遇到的问题就是如何处理宝石材料中出现的包裹体（特别是反差大的包裹体）和裂纹，多数情况下，处理方法不能仿照小面型宝石。我国玉器行业“避脏躲绺”一说值得借鉴。即在凸面型宝石设计中，应尽量避开包裹体和裂纹，至少不应让它们出现在宝石的顶部表面上，而应将其藏于底部。如果万一避不开，也只能安排在顶部边缘。否则将会对宝石的外观造成严重影响，从而影响宝石的价值。

四、颜色不均匀的宝石设计

对凸面型宝石来说，突出宝石美丽的颜色是非常重要的。

具有美丽颜色的宝石，确实受人喜爱而身价倍增，而有些宝石，虽然存在一些颜色缺陷，但如果处理方法得当，同样能体现出其价值。例如，某些翡翠材料，颜色呈团块状分布，设计时应使颜色位于凸面型宝石中部；有些材料（如玛瑙、孔雀石）颜色呈条带状或具有各种花纹，设计时，也应将它们安排在合适的位置（如凸面型宝石的顶部）。颜色变化的情况比较复杂，处理方法不能一概而论。一个总体原则是要符合人们的审美心理，只有这样，设计成果才能为人们所接受。

第四节　凸面型宝石的加工工艺

一、凸面型宝石加工的工艺流程

相对于小面型宝石来说，凸面型宝石的加工要简单一些，主要包括如下几道工序：开料—出坯—粘胶—造型—研磨—抛光—上蜡。

二、凸面型宝石的加工工艺

1. 开料

开料即是按照设计的要求，将材料分割开，它主要是针对一些大料而言的。

开料所用的设备即是第二章中介绍的宝石切割机，较大块的材料，可能需要用较大型的切割机，按照设计的要求，将原材料分割成小块或一定厚度的片料，然后，再在宝石切割机上进一步分割。在切割凸面型宝石坯料时，常用的锯片为直径150～200mm、厚度0.3mm左右的钻粉锯片，而对较贵重的宝石材料，如星光红、蓝宝石，所用的锯片应更薄一些，以尽量减少刀口对材料的损失。宝石切割机的结构及使用情况，在有关章节中已作过介绍，这里不再复述，仅补充两点：

(1) 切割较大的块料时，一定要按设计的要求在较大型的切割机上进行，切割的片料平行度要好，每片的厚度均匀一致。

(2) 对于某些可能出现特殊光学效应的宝石材料，切割前一定要作认真地检查，确定好特殊光学效应出现的方位并做好标记，切莫不加分析地任意切割，由此造成的经济损失将是无法弥补的。

2. 出坯

出坯工序是将切割出的片料或小块料加工成凸面型宝石断面的形状即其底面形状，它一般要经过三道子工序：画线、修整、圈形。

图 5-7 画线模板

(1) 画线。画线是在材料上画出设计款式的外部形态。对于经验丰富的宝石切割师来说，有时省去这一工序直接将材料整形。但是，为了使凸面型宝石的外观规整，曲线优美，必须进行这一工作。一些厂商为了方便这一工作而设计了图5-7所示的模板，模板一般用有机玻璃制作，其上画有不同外形，不同规格的图形，画线者只需选好合适的图形，用画线笔描于材料之上就可以了。使用模板还有两大好处：第一，用于某种材料的批量化生产时，可以保证同等规格的成品外观一致；第二，在加工一些具有花纹的宝石时，可以用模板选择花纹并安排花纹的位置（如图 5-8 所示）。

画线笔不宜用铅笔，因铅笔的痕迹在加工时极容易被水洗掉。比较经济又实用的办法是使用废弃的铝质电线，将其一端磨尖制成笔样，其是较理想的画线笔。画线的方法如图 5-9 所示。

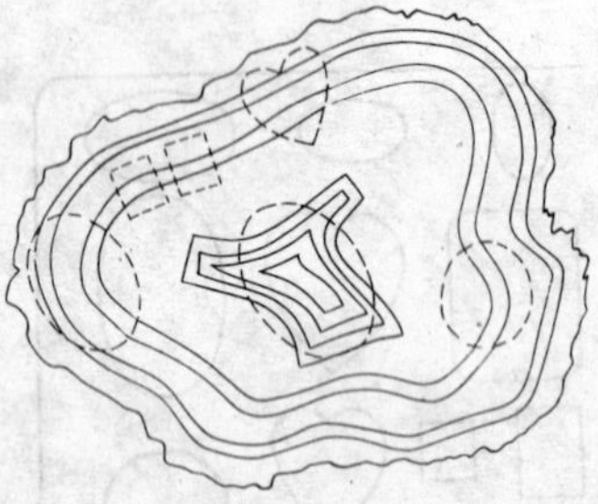

图 5-8　用模板选择花纹

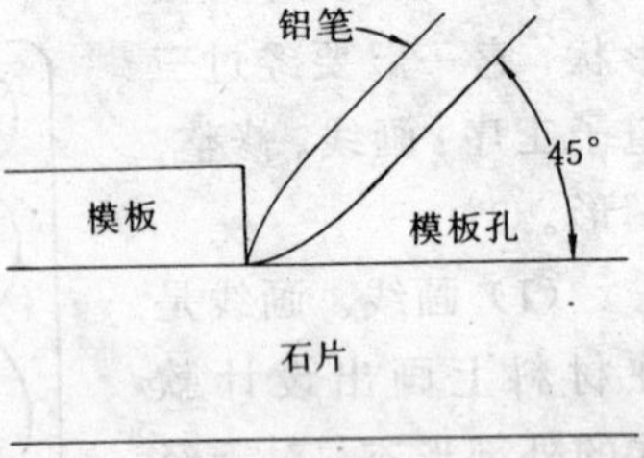

图 5-9　画线方法

(2) 修整。材料被画线以后，线条外缘可能留有较宽的边角，需要通过整形去除。较宽的边角要在宝石切割机上割掉。整形的步骤如图 5-10 所示。

(3) 圈形。圈形即是将整形后的坯料圈成标准的设计外形。该工作一般在砂轮上进行，如图 5-11 所示。砂轮的粒度以 120# 为宜，软质材料可更细一些。在小面型宝石的冲坯机边缘加一稳定支架，即可用于圈形。圈形时为便于观察所画铝线的位置，应将材料底面（即画线的一面）向上放在支架平台上，将材料缓缓推向砂轮，将边缘多余的部分磨掉，并保留一定的余量，直至外形规整，弧线流畅。

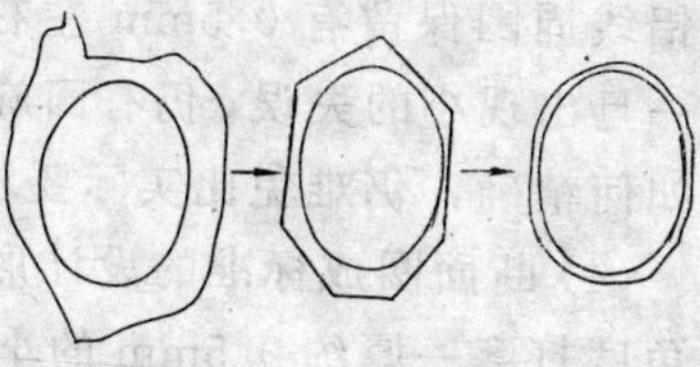

图 5-10 整形的步骤

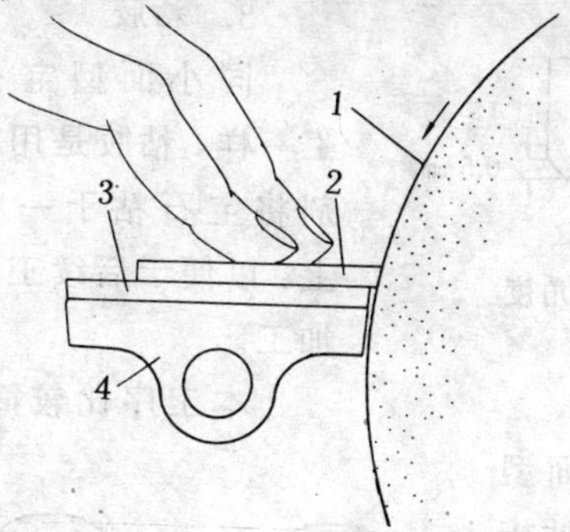

图 5-11 圈形

1. 砂轮；2. 坯料；3. 橡皮垫；4. 支架

圈形时，应注意如下几个问题：

(1) 多数宝石易脆，砂轮在旋转时的震动和对宝石的冲击，极易造成材料的边缘崩口以致外形不整，为了避免和减少这种情况的可能性，可在支架上垫一块皮革或弹性橡皮垫，对震动起缓冲作用，并将其湿水，以使材料在其上能自由地滑动。

(2) 自始至终应保持水冷，宝石在砂轮上磨削极易发热，如果不及时冷却，可能使宝石开裂。冷却水的供给量不宜太多，太多会影响观察磨削的进行情况，一般以连续的水滴滴在砂轮上即可。

(3) 保留一定的加工余量是十分必要的。在圈形时，应在铝线周围保留有0.5mm左右的加工余量，以便后续工序中一旦出现小的失误，仍有回旋的余地；另外，在画线时，无论如何精确，仍难免比实际要求的尺寸小。

(4) 断面圈成标准的设计形状以后，需在底面周围以45°的角度打磨一厚约0.5mm的小斜边，如图5-12所示。因多数宝石材料具有较大的脆性，经这样处理之后加工成成品底面与弧面过渡圆滑，可以避免首饰镶嵌时对边棱可能造成的损坏。

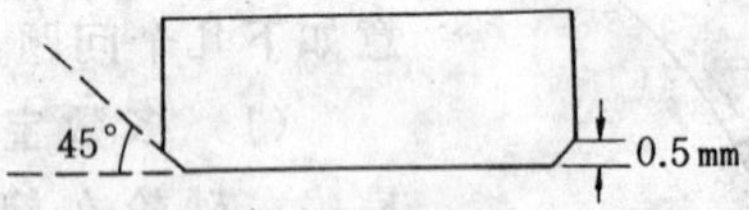

图5-12 底部斜边角度

3. 粘胶

同小面型宝石加工一样，粘胶是用粘合剂将宝石粘于一粘杆上，以便于后续工序的加工。

本工序比较简单，粘接方法基本与粘接小面型宝石相同，所不同的是，粘接凸面型宝石所用的粘杆更随意一些，它可以是粘接小面型宝石所用的粘杆，也可以是一枚长铁钉或木棒，因为后续加工都是手持粘杆操作的，无需夹于机械夹头。所以，这些长形棍状物均可用作粘杆，但为了适合用手把持及便于操作，粘杆不宜太短，也不能过长。另外，粘接凸面型宝石也不必用粘接架，只需使宝石坯料的底部大致与粘杆垂直即可，稍经训练的人即可从

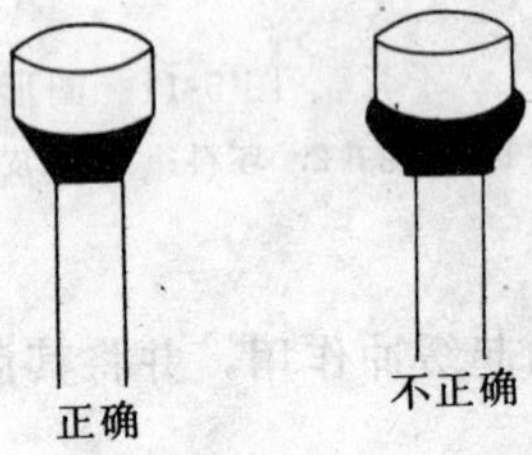

图5-13 粘胶方法

事这一工作。但在粘接小粒宝石时，还是使用粘接架比较稳妥。

尽管这一工作比较简单，但仍需慎重对待，粘接的同心度及垂直度比小面型宝石可稍差一些，但不能有明显的偏差，胶合剂的用量不能太多，不能超过坯料的外缘，如图 5-13 所示。其它要求与小面型宝石相同。

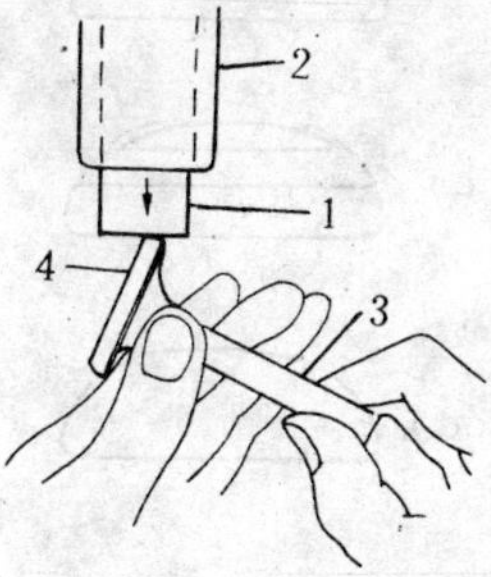

图 5-14 造型的操作

1. 砂轮；2. 防溅罩；3. 粘杆；4. 坯料

4. 造型

造型工序是将坯料的顶部打磨成弧面的大致外形。造型所用的设备仍是砂轮机。

造型的操作如图 5-14 所示。用左手顶着宝石，一方面控制磨削的力度和速度；另一方面，防止因用力过大或砂轮震动而导致宝石脱胶。右手把持着粘杆末端，控制打磨角度并不断转动粘杆，以防止局部磨削过量而损伤宝石的外观。

造型一般按如下步骤：

(1) 以与坯料边缘呈 10°～15°的角度打磨一斜面，使坯料呈一桶形，如图 5-15 (a) 所示。

(2) 以与坯料边缘呈 45°左右的角度再次打磨一斜面，如图 5-15 (b) 所示。此次打磨的角度应视坯料的比例而变，厚者打磨角度应小一些。

(3) 以更大一些的角度在近顶部周围打磨一斜面 [图 5-15 (c)]，使顶面趋于弧面。

(4) 轻轻磨削各层斜面的边棱，使顶部近于一弧面。如图 5-15 (d) 所示。

至此，造型工序即告完成。

造型工艺看似简单，但稍有不慎，就会出现失误，加工中应注意：

(1) 砂轮的粒度及转速对造型工艺的影响很大，粒度太粗，磨削速度较快，但磨削的表面十分粗糙，硬度低的宝石更是如此，为进一步的加工造成困难，应根据不同的材料选用 120#～180# 的砂轮；如果砂轮的转速太快，磨削速度也相应地快，对软质材料来说，不易控制。同时，高速转动容易造成砂轮震动及宝石发热，极有可能使宝石发裂甚至破碎，所以，应根据不同的材料调整砂轮的转速。一般来说，硬度高、韧性好的宝石，如红宝石、翡翠等，转速可高一些，反之，则应低一些。

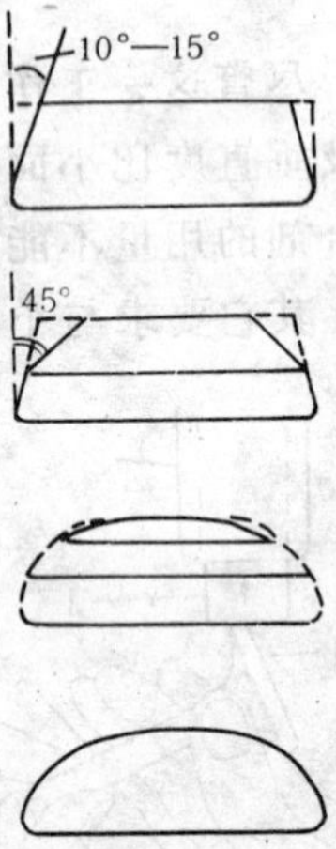

图 5-15　造型的步骤

(2) 凸面型宝石的基本形状，完全是在粗磨中形成的，必须按照上述步骤逐步完成，任何捷径都可能造成失误。

(3) 第一次打磨的斜面角度极为重要，它是切磨的凸面型宝石有一个适当厚度的边棱的必要条件，如果打磨角度太小，势必造成一个厚的边棱和陡的坡面，考虑到宝石的镶嵌，它将很难被固定紧。如果打磨角度太大，不仅外观不漂亮，对宝石重量的损失也大，而且边缘很薄，镶嵌时容易造成崩边。脆性宝石（如松石）更是如此。

(4) 磨斜面时，宝石须不停地均匀转动，决不能在任一处停留太长久，以免切磨过度，破坏了宝石的整体外观。在打磨第一层斜面时，这一点尤其应注意，一旦打磨过度，底部形态将会被破坏。

（5）打磨斜面的次数视宝石坯料的大小及厚度而定，坯料大而厚，打磨斜面的次数应多一些，一般而言，打磨 3～5 次即可完成。

（6）每打磨完一次斜面，都要从不同方向检查其对称性，发现不对称的情况应及时修整，不要等全部斜面打磨完后再行检查，这时若发现不对称的情况需改正过来时，其难度将会大得多。

（7）每层斜面打磨到合适的深度是保证弧面曲线优美的前提。所以，打磨每一斜面时，都要有总体概念，若打磨得深的深，浅的浅，外形就不可能美观。

（8）磨削掉斜面之间的边棱，是为了使表面更接近于弧面，也是为了简化下道工序——研磨的工作量，提高加工效率，如果仅靠研磨去除边棱，加工效率将很低。

（9）自始至终必须保持水冷。

5. 研磨

宝石坯料经过造型工序以后，尽管表面已成弧面，但仔细观察，表面仍然是很粗糙的。弧线并不是圆滑的曲线，而是由一个个小台阶组成。必须通过研磨将小台阶除去，同时修正其误差，使其外观规整，造型完美。

但是，凸面型宝石的研磨不同于小面型宝石，任何刚性磨具，都是不可能磨出规范的弧形表面的，这就要求我们在研磨凸面型宝石时必须选择具“屈服性表面”的磨具。

软橡皮为制作这种磨具提供了理想的材料。如图 5-16 所示。将直径为 200～250mm 的软橡皮贴于同等直径的钢质基盘之上，再在其上蒙上砂布即制成了用于这一目的的磨盘。由于软橡皮具有弹性变形，当在其上研磨宝石时，由于压力的作用形成一种将宝石“包住”的趋势。在这种磨具上研磨，弧形表面将会变得圆滑。

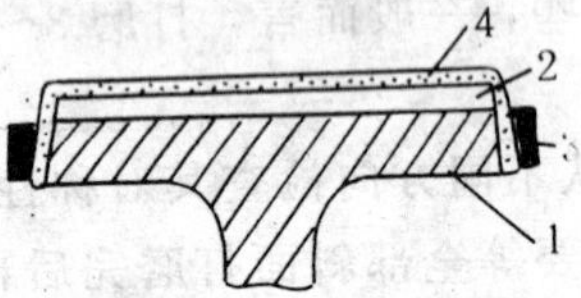

图 5-16 凸面型宝石的磨盘

1. 钢质基盘；2. 橡胶皮；
3. 环形钢圈；4. 砂布

将砂布绷于一中空的钢性基座上也可用于这一目的，但是砂布的使用寿命较短。实际工作中，砂布可以自制，用半树脂胶将碳化硅磨料固定于帆布上即可。

加工基盘时，使圆盘边缘略带一锥度，并配以与之锥度吻合、外径略大的钢圈，砂布可以很容易地被绷于其上。

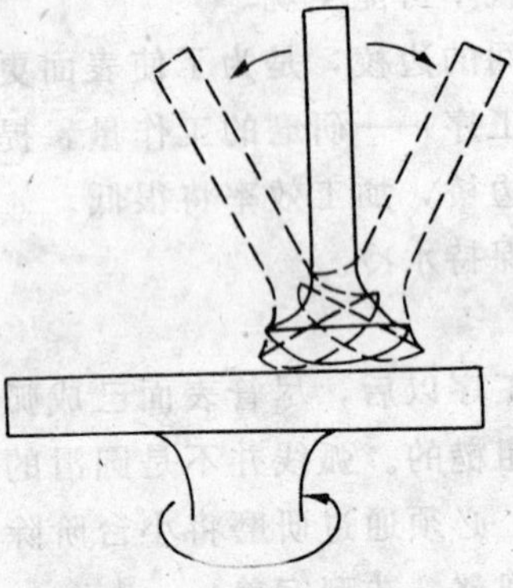

图 5-17 研磨的方法

研磨工序分粗磨和细磨两道子工序，粗磨去除造型工序中留在表面的小平面，并精确地修正形状，使弧面曲线优美，过渡自然，并具较好的对称性，一般选用 100#～180# 的砂布。细磨去除粗磨过程中留在表面的肉眼可见的痕迹，使表面光滑，根据不同的材料可选用 400#～600# 的砂布。硬度高的材料如红、蓝宝石可选用粒度粗一些的砂布，反之则应选用粒度细一些的砂布。

研磨工序应注意：

（1）凸面型宝石的研磨（包括粗磨和细磨）均在同一基盘上进行，只需更换绷于表面的砂布即可，磨盘的安装可以呈水平状态，也可以呈直立状态。两种方式各有优劣，视工作的习惯自行选择。但无论如何，磨盘的转速不应太快，因磨盘是一屈服性表面，转速过快不仅起不到屈服性的效果，反而可能使宝石因剧烈的震动而脱落。一般而言，磨盘转速应不大于200r/min。

（2）研磨的压力需适当大一些，只有这样，才能在具屈服性表面的磨盘上形成对弧形表面的包被趋势，具小平面的弧形表面才能被快速地磨成圆滑的弧面。细磨时表面的粗痕才能尽快地被除去。

（3）研磨一般从宝石的底边或腰部开始，即研磨时，手持粘杆使其近于水平位置，不停地转动和倾倒，变换研制角度和方向（如图5-17所示），从侧面逐渐扩展至顶部，使弧形表面的所有部位都均匀地受到磨削。这一点对研磨工艺的优劣影响极大，稍不注意就可能破坏宝石的外形或宝石的对称性。图5-18列出了几种常见的研磨失误。

（4）研磨时同样要保持水冷，但水量不宜太大，因砂布上的磨料很容易脱落。若水量太大，脱落的磨料将在离心力和水的润滑作用下被甩脱，磨盘将会消耗得更快。一般以每秒钟一滴的水量滴于磨盘表面即可。

（5）不论是粗磨还是细磨，都应经常检查磨削的进展情况，若大部分位置已磨光滑，仅局部仍有痕迹，可用画线笔在这些部位作上标记，再行试磨。若研磨位置正确，笔迹将被磨掉，继续研磨并使粘杆稍加倾倒和转动，直至将痕迹磨掉为止。

6. 抛光

抛光是凸面型宝石加工的最后一道工序，通过抛光获得光洁明亮的光学表面，只有经过良好的抛光，宝石的优势（如特殊光学效应，美丽的颜色和晶莹的质地），才能充分地得以体现，从而才能体现宝石的价值。

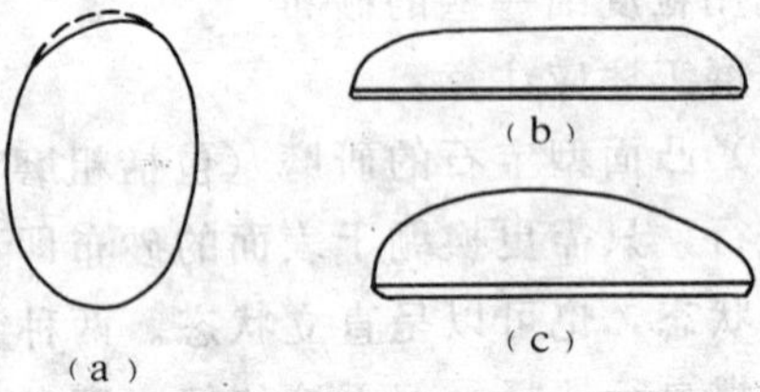

图 5-18 研磨造成的失误

(a) 椭圆外形被破坏；(b) 顶部被磨平；(c) 两边研磨不均匀而导致不对称

抛光之前的准备工作是清洗宝石、粘杆和设备，洗净其上的砂粒及污物，并将宝石放入干净的位置，做好这些工作是必要的，因为一旦砂粒落入抛光盘上或混入抛光粉中，将会在宝石表面造成擦痕或造成抛光粉的浪费。

凸面型宝石多采用软盘抛光，抛光方法可谓五花八门，多种多样。不仅抛光盘的种类繁多，包括木头、皮革、毡布、毛呢等；而且抛光粉也多种多样，如硅藻土、氧化铬、氧化铈、氧化铝、氧化铁等都是很好的抛光剂。

不管采用何种方法和何种工具，最终的目的是使宝石获得光洁明亮的光学表面，抛出各种宝石应有的光泽，并使表面的光洁度均匀一致。如同研磨一样，抛光也应按一定的步骤完成。可从顶部开始直至底部边缘，也可以反之。

不同的宝石采用不同的抛光盘和抛光粉可以获得高的抛光效率和好的抛光效果，实际工作中我们应注意总结这方面的经验。

抛光工艺看似简单，但要作好却非易事，工作中应注意如下问题：

(1) 抛光时抛光盘的转速应比研磨时快一些，抛光的方法与研磨一样，同样需施以较大的压力及不停的翻转和换位。

(2) 软盘抛光，盘面跳动可能十分厉害，为防止宝石脱落，须用手指顶着宝石背面（如图 5-19 所示），并使宝石顺着抛光盘的转动方向，以防止边缘刮破抛光盘。

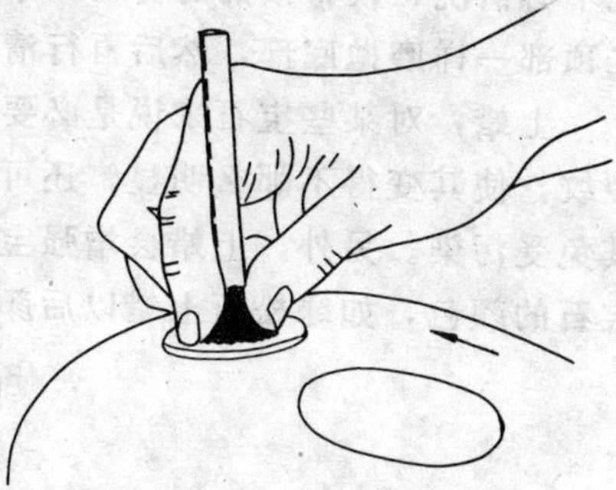

图 5-19　凸面型宝石的抛光

(3) 抛光粉一般调制成液状使用，用小刷涂于抛光盘上，抛光液的浓度要适度，太浓或太稀都会影响抛光效率。合适的浓度是只需能浸润抛光盘即可，如果太浓，抛光粉将积于盘面，宝石将仅在盘面上打滑而起不到抛光作用。

(4) 对于不同的宝石，抛光时施加的压力不一样，因为压力过大容易发热，而有些宝石耐热，如翡翠。有些宝石怕热，如欧泊、松石、孔雀石等。这一点也可以通过选择适当的抛光盘、调整抛光液的量及抛光时间来加以调节。不过，任何抛光盘都以接近于干抛时效果最好，效率最高。

7. 清洗及上蜡

抛光工序完成以后，凸面型宝石的加工已接近尾声，将宝石从胶上取下像清洗小面型宝石那样将宝石清洗干净。但应注意，有些宝石如绿松石、孔雀石等易与酸碱起化学反应，清洗时不能让其接触酸碱液，将它们泡于酒精中数小时同样可以去除粘胶。

有些颜色好，透明度好的宝石，为了体现出其美丽的颜色和晶莹的质地，常常底部要求抛光。在这种情况下，宝石先不必清洗，仅将顶部的污物擦净，再翻转粘接宝石，按加工顶部一样磨抛底部，然后再行清洗。

上蜡，对某些宝石来说是必要的，它可以掩盖宝石中的裂纹，使其变得不那么明显，还可以填充结构中的孔隙，使其免受污染。另外，上蜡会增强宝石的光泽，还会优化某些宝石的颜色，如绿松石上蜡以后颜色会大有改观。

第六章　球形宝石

球形宝石包括圆球和圆珠，古往今来，它一直是人们喜爱的工艺品和装饰品，圆珠项链是日常消费中最常见的一类首饰。

球形宝石有如下特点：

1. 取材广泛，用料经济、考究

如前所述，球形宝石材料也包括了所有的透明的、半透明的和不透明的宝石，且材料的利用率高，尤其是半透明和不透明材料，出成率一般在40%以上，加工的圆球大小可以根据用途和材料的特征而定，从而可以做到料尽其用，即使是边角余料，也可以加工成很小的圆球，这样也大大提高了材料的利用率。但是，同其它各种宝石一样，球形宝石对材料的要求是很严格的，对透明的材料而言，不允许存在包裹体和裂纹，否则，价值将会大大降低。即使是半透明和不透明的材料，也不允许有裂纹存在于成品之中。

2. 做工简单

球形宝石的加工无需精密的设备，较大的圆球，需要逐个地加工，设备一般可以自制，原始的手工做法，也能加工出高质量的产品，较小的圆珠，各个工序都可以实行机械化生产，加工效率很高。

3. 价格适中，款式变化多样

球形宝石尽管单调，但规格、颜色不同的圆珠的组合以及与其它形状的宝石相配合，可以设计出丰富多彩的花样款式。圆珠首饰的价格低则几十元，高则上千元，顾客可以根据自己的经济承受能力任意加以选择，这是圆珠首饰受欢迎的主要原因。

4. 用途广泛

大的圆球是一种高雅的陈设品，是财富的象征。例如，晶莹剔透的水晶球在美国、日本等一些国家一直是受欢迎的产品，它不仅具有装饰作用，来自四面八方的风景可以尽收其中，令人眼花缭乱，而且，人们还认为它可以驱除邪恶，给人带来好运。我国民间使用圆球作为健身器材已具有很长的历史。圆珠除用于制作各种款式的项链外，还可以作为佛珠、朝珠以及用来制作头饰、手饰、垂饰和其它装饰工艺品。

正因为如此，球形宝石作为一类首饰工艺品一直常盛不衰，它的市场潜力是巨大的。

第一节　球形宝石加工的工艺流程

同其它类型的宝石一样，将一块材料加工成形状规整，外观漂亮的球形宝石，也要经过如下几道工序：

出坯→预形→粗磨→细磨→抛光。

不论是圆球还是圆珠，都要经过上述工序才能将材料加工成球形宝石，有些工序之间还包括若干道子工序。而圆球和圆珠加工的不同之处在于：圆球体积较大且单个直径不同，一般情况下只能逐个地加工，而圆珠体积较小，适合于批量的机械化生产。除此之外，圆珠用作项链时还需经过穿孔、穿链两道工序，有些多孔宝石还要经过上蜡工序，其它用途的圆珠也要经过相应地进一步加工。

第二节　圆球的加工工艺

大块的宝石材料适合于加工圆球。

在未加工之前，首先要进行选料。选料看似简单，实际上是具有丰富经验的人才能胜任的工作。选好料是加工出好的成品的前提，大块材料，其中很可能存在包裹体和裂纹，即使是很小的包裹体和裂纹，在透明材料加工的成品中也会暴露无遗。加工一个大的圆球，常常需要消耗很大的人力和物力，如果让它们保留在成品中，将是一个很大的损失。所以，细心地选料是事半功倍的基础。

透明材料的选料、审料似乎容易一些，因为其内部缺陷可以很容易被发现，正因为如此，审查透明材料很容易犯错误。一方面，可能受到表面状态的迷惑，将表面的杂质，生长纹，破碎面误以为是内部缺陷；另一方面，很可能忽视小的缺陷。明智的作法是将材料浸入水中，从各个方向对材料进行检查，搞清缺陷存在的具体位置，并作好相应的标记，以便出坯时去除。

半透明和不透明材料，主要应检查表面是否存在裂纹，即使是很小的表面裂纹，也会在抛光的球形表面上明显地显示出来。所以，必须将它们去除。这类材料中的裂纹常常不易发现。若将它们湿水，大的裂纹将会明显地暴露出来，而小裂纹可能仍然不能发现，这时，可将材料擦干，过一段时间，有小裂纹的地方将会出现湿的痕迹，这样就可以确定小裂纹的存在及其延伸方向。

材料的缺陷可以在加工的适当工序中逐步去除。

一、出坯

加工一圆球，总是先将材料在切片机上切割成一立方体的坯料。将材料最小直径作为立方体的边长，也即成品圆球的最大直径。选择一平面使其向下将材料稳稳地夹于切片机的进料板上，平行切割出两个平行的平面，两者之间的厚度等于立方体的边长。进一步切割使之成为一个立方体。

精密的切割是保证后续工序正常进行的前提，必须保证立方块每个面之间的平行度、垂直度都符合工艺要求且各边长度相等。

二、预形

这一工序是将切割的立方体坯料加工成圆球的大致形状，使之形成一个如图 6-1 所示的球坯。

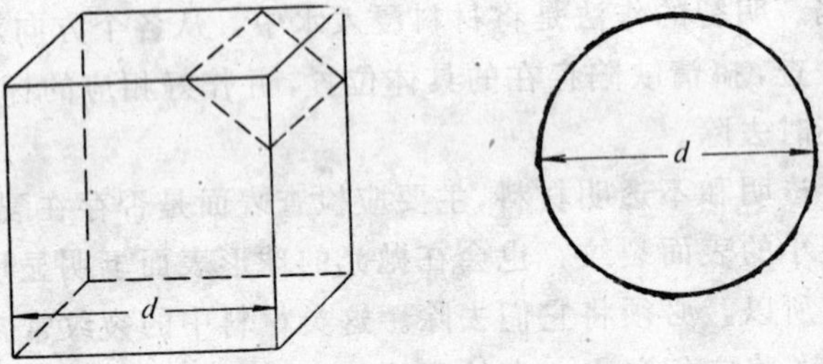

图 6-1　圆球的造型

将一个立方体坯料加工成近似于圆球形的球坯，要去除大量的边角余料，为了准确而快速地完成这一工作，有必要先在切片机上锯掉立方体的十二条边及八个角，然后再在砂轮上打磨使之预成形。首先在欲切去的边角上画线，使切割后的各个边角同与之相应的另一侧的边角之间的距离等于原立方体的边长，继而在砂轮上打磨掉所有的边棱，使坯料趋于球形。

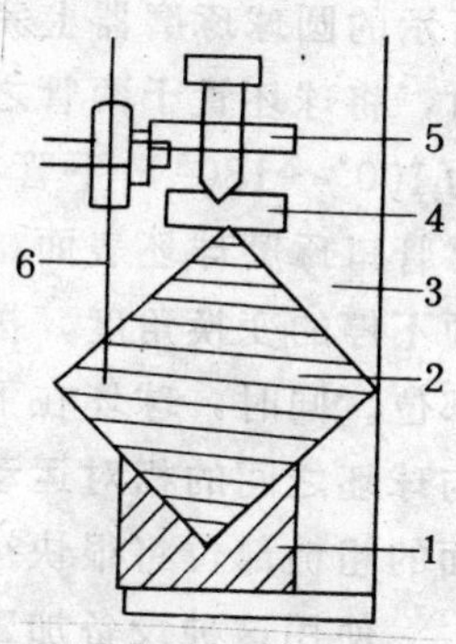

图 6-2 导向夹板
1. 木头导板；2. 立方体坯料；3. 托架；4. 木头垫；5. 夹具；6. 锯片

切割边棱或角时，应使立方体倾斜成 45°的角放置。为了安放平稳，可以设计一个如图 6-2 所示的木质导向夹板，边角的去除量可通过计算获得，但应注意两两对应的边角去除量应相等，否则锯出的坯料将会失圆。在砂轮上打磨突起的边棱时，应注意不要伤及锯割面，锯割面已近乎为圆球的表面，若被打磨出痕迹，将会增加研磨的工作量，严重的伤痕将影响到成品圆球的半径大小。

三、粗磨

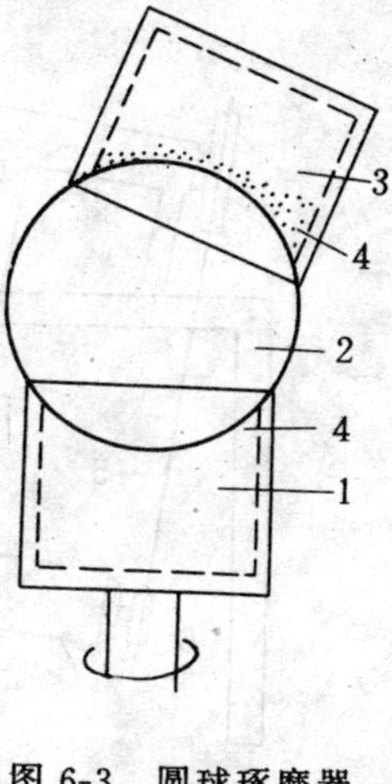

图 6-3 圆球琢磨器
1. 动力带动的空管；2. 圆形球坯；3. 手持不动的空管；4. 磨料

粗磨是将造型后的球坯表面粗糙不平的部位磨去，形成一规矩的球形表面，并修正其几何形状，将其磨成一精确的球体。

由于粗磨后的球体已经成形，因此这一工序是十分重要的，但不论球坯的大小如何，都可以在图 6-3

所示的圆球琢磨器上完成。它由上、下两节空管组成。琢磨时，将球坯置于两管之间，两管中均装有碳化硅磨料（粒度为 100#～180#），下管在电机的带动下以较慢的速度转动，依靠管口琢磨球坯表面。上管与下管成一定的角度顶着球坯，并须不停的变换角度，拨动球坯来回滚动，使其不断变换琢磨部位。同时，球坯在下管摩擦力的作用下也随之转动，上管与球坯之间的相对运动也对球坯起琢磨作用。这样，球坯表面的粗糙部位将很快被磨削掉，圆球也随之形成。

使用这种设备加工圆球，简单易学，成本低，加工精度也不差，但它毕竟是一种手工劳动，劳动强度大，加工效率低。为了实行工业化生产，一些厂家已设计生产出圆球琢磨机，其结构如图 6-4 所示，其原理与圆球琢磨器相同。球坯夹

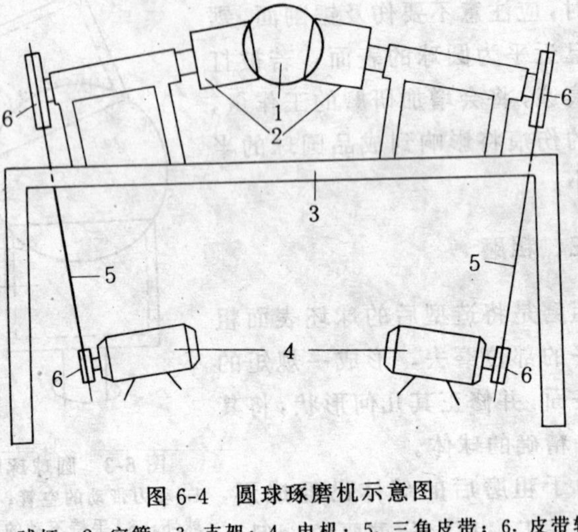

图 6-4　圆球琢磨机示意图

1. 球坯；2. 空管；3. 支架；4. 电机；5. 三角皮带；6. 皮带轮

于成一定角度装置的两个空管之间，它们分别在两个电机的带动下以相反的方向转动，球坯在其间不停地转动和滚动，结果，整个球形表面将均匀地受到磨削，圆球将很快成形。

粗磨工序中，不论采用何种设备，都应注意如下问题：

（1）空管的直径应根据圆球的大小选择使用，一般应为圆球直径的$\frac{2}{3}\sim\frac{3}{4}$，太小不能平稳地支撑住球坯，太大则完全不能使用。

（2）机械驱动的空管必须严格地同心，否则，转动时的任何偏摆都可能将球坯抛出。

（3）空管转动的速度应控制在150～500r/min之间，转速太低则影响加工效率，太高又不宜控制磨削速度，若球坯在某一部位滚动太慢，就很可能使这一部位磨削过度。一般来说，加工较大的圆球时，转速可适当慢一些，较小的圆球应快一些。

（4）由于球坯表面粗糙，开始粗磨时，很可能在某些部位滚动受阻，如果不及时使圆球翻滚，这一部位将会磨削过度，在球坯表面磨出一深凹的圆圈，用圆球琢磨器琢磨较大的圆球时，很容易发生这种情况。这时，不用上部空管而用手拨动球坯滚动可能效果更好。使用圆球琢磨机时，应有专人照看，出现这种情况应立即采取措施。

（5）很显然，粗磨的效率与球坯的质量有关，球坯圆度越好，表面越光滑，琢磨效率越高。应经常检查粗磨的进展情况，最好的检查方法是粗磨前在切割的平面中心做上标记，当粗磨正好将这些标记磨掉时，表明已经到位。

四、细磨

细磨是用更细的磨料将粗磨工序中留在圆球表面的痕迹

完全消除，形成一个光滑的球形表面。

细磨所用的设备与粗磨相同，但应将设备内的粗磨料清洗干净，换上更细的磨料。细磨时，根据不同的材料可选用600#～1000#的碳化硅磨料。细磨所需时间较短，只需将粗磨时留在圆球表面的痕迹消除就可以了。操作方法及注意事项与粗磨时相同。

为了检查粗磨时留在表面的痕迹是否完全被去除，细磨完成后，可将圆球清洗干净、晾干，仔细察看表面，是否光滑无痕，即使是局部有明显的痕迹也是不允许的，应将其细磨到完全看不见为止。仔细地检查是十分必要的，若是在后续工序中发现这些问题再回过头来细磨，工作将变得复杂得多。

五、抛光

由于圆球是一弧面，因此，应用软质抛光工具抛光。圆球的抛光有两种方法：一是使用皮革、毛毡等材料制作的抛光轮；一是在圆球琢磨器（机）的空管上蒙一层皮革或毛毡，涂上抛光剂，重复细磨的操作，直到圆球具有其应有的光洁度为止。

使用抛光轮抛光时，抛光轮应有一定的厚度，可将多层皮革或毛毡叠在一起，并使边缘呈与圆球弧度相近的凹槽，以使抛光轮与圆球的接触面积尽可能地大，湿润抛光轮并在其上涂一层抛光剂，抛光轮的转速不应太快，以避免抛光剂被甩掉。抛光可从表面任一处开始，随后延至整个弧面，直到圆球被抛光为止。

使用圆球琢磨器（机）抛光时，应将机器彻底清洗干净，决不能让磨料残留于其上。将抛光盘紧绷于空管上，使抛光时与圆球的接触面积尽可能地大，从而获得较高的抛光效率。

第三节 圆珠项链的加工工艺

圆珠的加工与圆球不同，圆球体积较大，一般只能逐个地加工，而圆珠体积较小，除少数硬度小且易碎的贵重宝石（如青金岩）须单个加工外，大都适合于批量的机械化生产，加工效率较高。而且，将圆珠加工成项链，还需要经过穿孔，穿链两道工序。

一、出 坯

圆珠的出坯工序是指将大的材料分割成合适规格的方形坯料，以便加工相应规格的圆珠。

对于块度较大的材料来说，出坯工序可能是相当繁琐的，首先应在大型切割机上将其切割成小块料，然后再在合适的切割机上经过切片、切条、切粒等几道子工序，才能将材料切割成方坯。

直径在 15cm 以上的块料一般是不能直接进行切片的，而用作圆珠项链的很多材料（如虎睛石、芙蓉石、东陵石等）大多是大块料，必须将其改小。大料改小，办法很多，最简单的办法是用重锤将其砸开；也可以在其上凿一孔洞填入液体膨胀炸药将其炸开。这些办法虽然可以解决一些问题，却很可能使材料变成碎块及产生裂纹，造成原材料的浪费。另外，裂开的小块料形状多不规则，对后续加工是不利的，最理想的作法是在大型切割机上切割成规则的小块料，这样不仅可以提高材料的利用率，而且大大方便了后续工序。

对于直径不大于 30cm 的材料，切割可以在能够装卡直径为 800mm 的锯片的开石机上完成，操作中应注意的问题已在第一章中论述了。

大料改小的要求很简单，就是将大料切割成合适的小块料。

小块料即可在一般的切片机上切成片料。要求切割的片料平行度和平面度好，平行度太差会使切割出的方坯不是立方体，不仅浪费了材料，也会给磨珠工作带来麻烦。平面度太差会使部分珠坯减小成品珠直径，解决这些问题的关键是夹紧材料，以使切割过程中不发生材料的翻滚和扭转等问题。片料的厚度应比欲加工的圆珠直径稍大些，即要为后续工序留有一定的加工余量，一般应比圆珠直径大 0.7～1.0mm。余量不能太大，太大会使磨珠的工作量增大，增加了磨削时间和加工成本，同时也造成了原材料的浪费；余量也不能过小，过小的加工余量会降低成品珠的尺寸。

材料被切割成片料以后，切条和切粒问题可直接在多刀切割机上解决，多刀切割机切出的方粒，不仅形态规整，而且切割效率高。切割的操作必须按前述操作规程进行。装卡锯片的数量视片料的宽度而定，刀夹的厚度与片料的厚度一致。

将片料牢牢夹在进料板的夹具上，切割分两步进行：第一步，将片料送入多刀切割机，将其切成条料；第二步，将条料旋转 90°，再次送入多刀切割机，便将条料切割成形状规整、粒度一致的方形珠坯。为方便这一步骤，在切条时，不必将片料切透，即在切割前调整进料板与锯片刀口间的距离时，应留有 1mm 以内的间隔，这样，片料在切割成条料后，仍保持片料的完整性。实施第二步之前，必须认真调整切割方向，使锯片的切割路线与第一步垂直，最大偏差角度在 5°以内，如果偏差太大，势必给加工带来不必要的麻烦，使加工余量增大，并造成原材料及辅料的浪费，使成品珠的直径减小了。

多刀切割机对解决大块片料的切粒问题是十分有效的，一台多刀切割机的效率相当于十台单刀切割机的效率，而且切割精度高，形态规整。

多刀切割机的锯片直径一般在100～150mm之间，它除用来解决大块片料的切粒问题外，还可以用来切割直径小于50mm的高档宝石块料，如松石、青金岩等，为这些材料的“料尽其用”提供了保证。

不适合用多刀切割机切割的材料，如小块材料和一些需因料施工的高档材料以及包裹体、裂纹发育的材料，出坯工序仍需在单刀切割机上完成，这一工作比较简单，只须按照规定的尺寸将其切割成合适的立方块即可。

二、预　形

圆珠的预形亦称为倒棱，就是要通过本道工序将方形坯料的边角磨削掉，是方料向圆珠方向过渡的第一步。

倒棱有人工倒棱和机械倒棱两种方法。人工倒棱即是用人工将方形坯料的边角在砂轮上磨削掉，使之具有大致的圆形外观，这种方法在我国沿袭时间很长，直到现在，一些高档宝石的倒棱仍采用这种方法。其加工效率是十分低的，只适合小批量的圆珠生产，大批量的加工，需用机械倒棱。

倒棱设备有砂盘倒棱机和滚桶倒棱机两种。

1. 砂盘倒棱机

砂盘倒棱机的结构如图6-5所示，底部为一水平安装的砂轮，一般选用直径为300～350mm的陶瓷结合剂的中硬度碳化硅砂轮，周围加一护圈，护圈与砂盘之间留有1～2mm的间隙，以便水及磨屑流下去。工作时，将方料倒入护圈内，

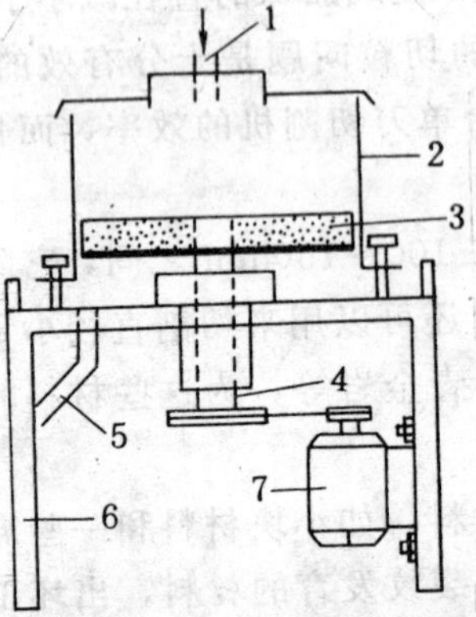

图 6-5 砂盘倒棱机结构简图

1. 冷却水入口；2. 护圈；3. 砂轮；4. 主轴；5. 冷却水及碎屑出口；6. 支架；7. 电机

砂轮在电机的带动下转动，护圈内的方粒即在砂轮盘面上翻滚，由于棱和角与盘面接触的几率远大于平面，因此，方粒的平面几乎不会受到磨削，而棱和角将很快被磨削掉。

倒棱的效果及效率与砂盘的转速有很大关系。一般应将其转速控制在 300～400r/min 的范围内，转速过低，护圈内的方坯翻滚不起来。这样，方坯将平贴在砂盘上受到磨削，不仅不能起到倒棱效果，反而会将方坯磨成扁平形而无法加工成预定直径的圆珠；过高的转速会产生较大的离心力，方坯与护圈发生碰撞会使材料产生裂纹，同时产生很大的噪音。

电机开动后，坯料会因离心力的作用而全部集中在护圈边缘，不仅降低了倒棱效率，而且还使砂盘受到不均匀磨耗而形成图 6-6 所示的情况。为了改变这一状况，可在护圈内侧对称装上两块挡板，集中在边缘的坯料会因挡板的阻挡而弹回中央，从而使砂盘受到均匀磨耗。

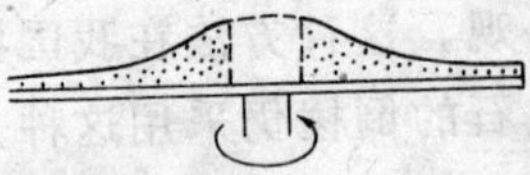
图 6-6 砂轮的不均匀磨耗

工作中应不断地加水冷却，因坯料与砂盘磨削及它们之间相互碰撞会产生热量，如果不及时冷却，会使坯料产生裂纹。同时，磨削的碎屑也不能被带走。过多的冷却水是不必要的，从砂盘上脱落的砂粒附着在坯料上，它们发生碰撞时还可以起到磨削作用。过多的冷却水冲走了砂粒，会降低加工效率，一般以连续不断的水滴滴入砂盘中央就可以了。

倒棱的效率与砂盘的粒度、宝石的硬度及一次性放入坯料的数量有关，硬度大的材料亦使用粒度粗的砂盘，反之亦然。一次性放入的坯料量要适当，放入太少，坯料多半时间在空中跳跃，放入太多，单个珠坯与砂盘磨削的几率下降，都会降低加工效率，一般以一次性放入 3～5kg 为宜。不同硬度的宝石，倒棱时间差异很大，硬度大的材料时间长。一次性放入的材料硬度应相同或相近，不同硬度的材料不能放在一起加工。否则，硬度小的材料将很快加工到位，而硬度大的材料还相差甚远，会造成很大的麻烦。

要经常检查倒棱的进展情况，硬度较大的材料应十几分钟查看一次，较软的材料应查看更频繁一些，不要因倒棱时间过长而影响成品珠的直径。

一些具有裂纹的材料，在倒棱过程中会因相互碰撞而破裂成大小不等的碎块，碎块一旦落入砂盘与护圈的间隙中，会阻止砂盘的转动，造成工作的停止，甚至电机会因负荷的增大而被烧坏，所以，倒棱机工作时一定要有专人看管。

尽管砂盘倒棱机每次倒棱的数量有限，但所需时间短，一般在几十分钟至两个小时内即可完成。所以，其加工效率是很高的。

2. 滚桶倒棱机

滚桶倒棱机是另一种机械倒棱设备。滚桶是一种外部为圆形，内部为多棱角形，并衬有内衬的桶形容器。同砂盘倒棱机相比，它一次性倒棱的坯料数量要大得多，滚桶可容坯料几十千克，甚至可以上百千克，但其倒棱周期长，需连续工作几十小时甚至上百小时。

滚桶倒棱机的结构如图 6-7 所示，用于倒棱的滚桶体积一般较大，体积较小的滚桶也可用于圆珠、随形工件和凸面型宝石的抛光。

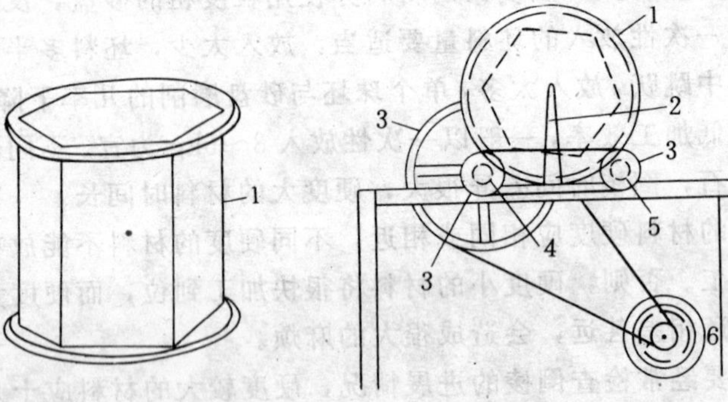

图 6-7 滚桶倒棱机结构简图

1. 滚桶；2. 支轴；3. 皮带轮；4. 主动轴；5. 被动轴；6. 电机

滚桶倒棱机的工作原理如图 6-8所示。在滚桶中填入适当的坯料并使滚桶以一定速度旋转，坯料将被带上滚桶侧壁，形成运动的态势。若滚桶的转动速度适当，堆积在表面的坯料倾斜到一定程度时，即开始向下滑落。其中近表面的坯料以滚动下落为主，下部的坯料以滑动下落为主。而底部的坯料是相对静止不动的，即这两部分之间发生摩擦，两者的分界面相当于

图 6-8 滚桶倒棱的原理

摩擦面，如果在其中加入磨料，该处发生的情况就与坯料在砂盘上的磨削情况相似。每个珠坯都受到等同的磨削，并且不管是滚动摩擦还是滑动摩擦，棱和角的磨削几率都是最大的。这就是滚桶倒棱的工作原理。

倒棱的效果与滚桶的转速有密切的关系。对于给定直径的滚桶来说，合适的转速是使坯料自图 6-8 中 A 点附近向下滑落，这时的摩擦效果最好。如果转速加快，珠坯将象瀑布一样飞溅而下，只有相互碰击而无滑动摩擦，如果转速进一步加快，那么，由于离心力的作用，珠坯将紧贴着滚桶的内壁并随之一起转动，这时，实际上任何加工效果都没有，相反地，如果滚桶的转速非常慢，那么，珠坯将从其内壁整体下滑，不仅不能起到倒棱效果，反而会造成坯料的损失，底部坯料与桶壁间的滑动摩擦将使其变成扁平形。

那么，究竟以多大的转速倒棱才最为合适呢？实践表明，滚桶的转速与其直径有关，滚桶直径越大，转速要越慢。同时，根据加工工序的不同，速度也需作相应的调整。如倒棱时转速可慢一些，抛光时可快一些。滚桶直径与转速的经验数据见表 6-1。

表 6-1　滚筒的直径与转速

滚筒直径（in）	转速（r/min）
6	35～55
10	25～40
12	15～25
16	5～15

注：1in=0.0254m。

现代工业生产中使用的滚桶形状有圆柱形、正四棱柱形、正六棱柱形、正八棱柱形等几种形状，而其中以正六棱柱形和正八棱柱形滚桶的使用较为广泛。这种滚桶可以使更多的坯料同时参与翻滚和滑动摩擦并减少了原料与桶壁之间滑动摩擦的机会，因而倒棱效果更好。

滚桶倒棱常常需要夜以继日地工作数十小时甚至上百小时，要求电机的性能好，能保持长时间运转。滚桶是在封闭状态下工作的，一次性加入的坯料、磨料及水的量要足够。不同容积的滚桶填入的坯料数量不同，一般为其容量的$\frac{1}{2}$～$\frac{1}{3}$；倒棱所选用的磨料为100#的碳化硅，加入比例为1：(15～20)，即15～20kg坯料需加入1kg磨料；坯料与水的重量比一般为(10～15)：1；过多的磨料和水都不会提高加工效率。

滚桶倒棱工作时间虽长，但仍需经常检查倒棱效果。硬度大的材料十几小时检查一次，较软的材料几个小时检查一次，并根据需要适当地添加磨料和水。一些较软的高档宝石，如松石、青金岩等不适合用这种方法倒棱，这些材料仍提倡手工倒棱。

以上两种倒棱设备各有所长，砂盘倒棱机倒棱快，但每次加工的数量有限，适合于小批量的机械化生产；而滚桶倒棱机加工周期长，一次性加工的数量大，适合于大批量的工业化生产。

三、粗　磨

粗磨工序是要将倒棱后的坯料加工成一圆珠形态，并保留0.2～0.4mm的加工余量以便进一步精加工，这是圆珠成形的一个主要工序。

一些质软的高档材料，常常模仿圆球的加工方法，用相应的细管逐个地进行加工，这样可以做到料尽其用；而批量的机械化生产，常在粗磨机上完成。

粗磨机的结构如图6-9所示。它有两个电机，分别带动上

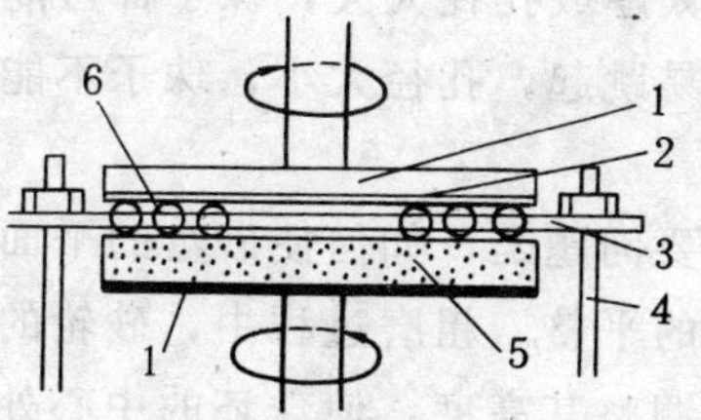

图 6-9 粗磨机结构简图

1. 钢质基盘；2. 橡皮；3. 孔板；4. 立柱；5. 砂轮；6. 珠坯

下两个磨盘。并且，这两个盘的转动方向相反，转速也不一致，一般上盘转速较慢，而下盘转速较快。

上下两盘都带有独立的升降系统，下盘实际上是一块平粘在基盘上的碳化硅砂轮，工作时对珠坯起磨削作用，一般选用外径 300mm、内径 127mm、厚度 40～50mm、粒度为 36# 的中硬、陶瓷结合剂砂轮；上盘为一钢质基盘，表面粘有与之直径等大的橡皮板，在工作中起增加摩擦力的作用，拨动珠坯转动，以防珠坯平粘在砂盘上而被磨削变形，并防止珠坯从孔中跳出；两盘之间装有一固定在机床床身上的孔板，在加工过程中其位置是固定不变的。孔板上钻有一系列有规律分布的圆孔，孔的直径及孔板厚度随圆珠的直径而有所不同，见表 6-2。对于

表 6-2 孔板厚度、孔径与圆珠直径之间的关系

成品圆珠的直径（mm）	孔板的孔径（mm）	孔板厚度（mm）
4	7	2～2.5
6	10	3～3.5
8	14	4～5
10	16	5～6
12	18	6～7
14	20	7～8

一给定粒径的圆珠来说，孔板太厚或孔径太大，珠子都可能做不圆，而孔板太薄，珠坯容易跳起，孔径太小，珠子不能自如地滚动。

粗磨工序需解决的一个重要问题是：如何使砂盘的平面受到均匀磨削，即要保持盘面的平整。粗磨过程中，砂轮的盘面磨耗是很快的，要不断地调整其高度，使珠坯的中心处于孔板厚度的中间，如果不及时调整，盘面与孔板的间隙大于珠坯的半径时，珠坯可能在巨大摩擦力的作用下，离开原来的小孔，钻入间隙中，要么将珠坯压碎，要么使孔板变形，并使砂盘无法运转，更有甚者是在砂盘面上压出深坑，以致无法使用。如果盘面磨耗不均匀，磨耗严重的较低部位正是类似这种情况，常使工作无法正常进行。

解决这一问题并不复杂，只要孔板上的小孔的排列遵循一定的规律，使其分布均匀，问题就会得到很好地解决。小孔位置的安排可以根据阿基米德螺旋线分布法来确定，也可以根据经验自行确定，总的原则是自孔板中心部位向外小孔数逐渐增多，相邻两孔在径向上的位置差是圆珠直径的$\frac{1}{5}$，所有的小孔均是如此错位，即可实现上述目的。

尽管如此，盘面上仍可能出现凹凸不平的情况，常常是某些部位出现圈层状突起，影响砂盘与孔板之间距的调整，这时，应取下孔板，将砂盘修平，修整办法是用另一块砂轮与之对磨。突起部分将很快被修平。

珠坯在粗磨之前需经过一辅助工序——分径。很显然，不同粒径的珠坯是不能放在一起加工的，如果混在一起加工，只有将大珠坯磨小以后，才能开始同步加工，这无疑会造成宝石原料、磨具和工时的浪费。同时，在加工的过程中，较大的珠坯可能跳出，而较小的珠坯可能造成卡盘。

分径是利用一种专门的工具——分径筛完成的，分径筛如图 6-10 所示。它是一套孔径不一的铁皮筛底组成的筛子，每个筛底的孔径差在 0.25～0.5mm 之间，在 $\phi4$～$\phi16$mm 之间连续变化，分径一般从最大的珠坯开始，换用不同孔径的筛底，即可按直径大小将珠坯分类。

图 6-10 分径筛

粗磨时，按照珠坯直径的大小选好孔板，并将其固定在底座上，调节孔板的位置，使之与砂盘面平行并相隔合适的间距，将珠坯填入孔板的孔中，然后，盖上上盘，并施以适当的压力。压力太大，珠坯可能会碎裂或者砂盘不能转动，压力太小，珠坯又可能从孔中跳出来。砂盘与珠坯之间的剧烈摩擦会产生很大的热量，如果冷却不及时，会使珠坯产生裂纹。所以，开机后应及时喷入冷却水，使水从上盘中的孔进入磨盘之间。

粗磨的速度是很快的，一般 2～3min 即可完成，所以应及时检查珠坯的圆度、直径，切莫因粗磨时间过长而使成品圆珠的直径减小。

四、细 磨

细磨工序也称为窝珠。珠坯经粗磨后，虽然已成圆珠形，但圆度并不十分精确，还留一定的加工余量，并且表面还具有很粗糙的痕迹，需要通过窝珠进一步修正其几何形状，去除表面明显的擦痕，使圆珠直径达到加工要求。这一工序是在窝珠机上完成的。

窝珠机的结构如图 6-11 所示。其主要部件由两个带半圆形同心环的窝珠盘组成。窝珠盘是用厚 10～14mm 的钢板或电木板、塑料板车制而成的，直径约 300mm，每个盘上都有若干道同心环状的半圆形槽，且上下两盘的槽是完全对称的，窝珠盘呈水平状态安装。工作时，将珠坯填入环形槽中，并加入一定量的磨料，然后使上下盘完全吻合。一盘固定不动(一般是下盘)，另一盘在电机的带动下以 150～200r/min 的速度转动。槽内的珠坯在窝珠盘的驱使下既作水平方向的转动，又在垂直方向上绕环槽滚动，并接受磨料的磨削，最终

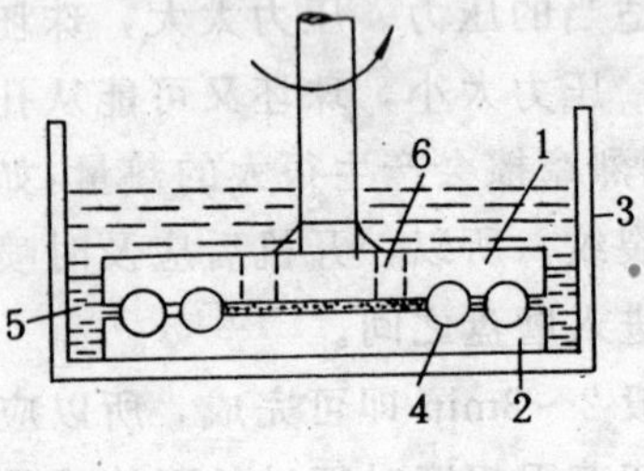

图 6-11 窝珠机结构简图

1. 上盘；2. 下盘；3. 水槽；4. 珠坯；
5. 水与磨料的悬浮液；6. 孔洞

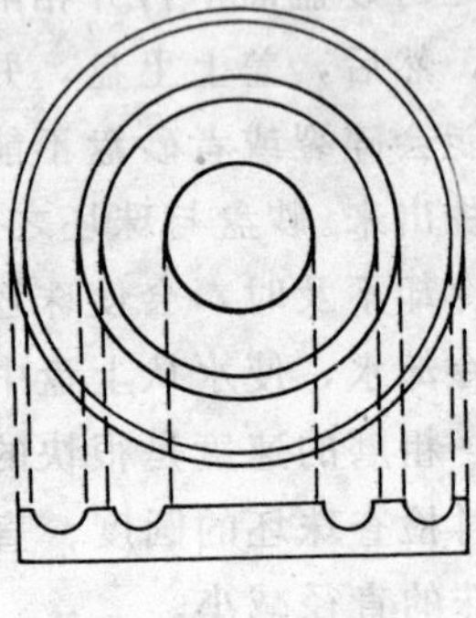

图 6-12 窝珠盘

将珠坯磨圆，并将表面粗糙的痕迹除去。

半圆形环槽的半径应与圆珠的半径相当，如加工 ϕ8mm 的圆珠时，窝珠盘的环槽半径应为 4mm。槽深应稍小于圆珠的半径，这一要求的理由是十分明显的，如果槽深大于圆珠的半径，圆珠将完全被扣合于槽中，上下两盘完全吻合，磨料不能进入，圆珠将不会受到磨削或磨削速度极慢。但是，如果环槽深度太浅，将不能卡住珠坯，珠坯将离开原来的环槽，甚至被窝珠盘碾碎。所以，加工不同直径的圆珠，对槽深的要求不同，它们的关系见表 6-3。

表 6-3　珠径与环槽深度的关系

圆珠直径（mm）	环槽深度（mm）
4	1.5
6	2.0
8	2.5～3.0
10	3.0～3.5
12	3.5～4.5
14	4.5～5

很显然，窝珠之前也要进行分径，而且比粗磨时更加严格，粒径差在 0.25mm 范围内的珠坯才能放在一起加工，这样不仅有利于提高加工效率，也有利于降低消耗。如果粒径相差太大，不仅加工时间长，耗用磨料多，而且大珠坯可能被压碎，小珠坯也可能因相互挤压而破裂。

窝珠所用的磨料一般是黑色碳化硅，不同硬度的珠坯应选用不同粒度的磨料。一般来说，硬度高、韧性好的材料应选用粒度较粗的磨料，而硬度低、韧性差的材料应选用粒度较细的磨料，如玛瑙常选用 24# 的磨料，水晶常选用 36#～60# 的磨料，而青金岩、松石则选用 120#～180# 的磨料。

窝珠是浸没在水中进行的，窝珠盘转动时产生的离心力会将悬浮于水中的磨料带出窝珠盘，沉降在边缘的水槽中，为了防止这一问题的发生，可在水槽壁上加一至两块挡板。这样，当水和磨料的悬浮液在水槽边缘聚集时，由于挡板的阻碍而改变流动方向，经上窝珠盘的中央孔洞回到窝珠盘内。如此循环，磨料将被充分利用。在此过程中磨料颗粒逐渐被压碎而变得越来越细，窝珠效率降低，需及时补充新磨料，补充的数量及次数视材料的硬度和韧性而定。一般而言，硬度大、韧性好的材料需多补充几次，每次1～2汤匙为宜，但在窝珠结束前半小时内不要补充新磨料，否则，新磨料会在圆珠表面产生很深的痕迹，不利于其抛光。

本工序加工时间较长，如玛瑙圆珠，窝珠时间需2.5h左右。窝珠开始时，将珠坯填入环形槽内，并在其上均匀撒入约0.5kg磨料，然后扣上上盘并使其与下盘完全吻合，先用手拨动上盘试转几圈后，再开动电机，上盘在电机的带动下旋转，并对其施加一定的压力，卡于两盘之间的珠坯在磨盘的驱动下做复杂的圆周运动，表面逐渐变得光滑，当同一盘珠坯大部分已经磨圆并已达到规定的尺寸时，即应停止加工，选出未磨圆的珠子，将其加工成直径更小一级的圆珠。

五、抛　光

同其它各种类型的宝石加工一样，圆珠宝石的抛光也是为了获得光洁明亮的外表，所不同的是抛光方法有所区别，圆珠宝石的抛光适合于机械化加工，几十千克甚至上百千克同种或硬度相同的材料可一次性加工完成。抛光设备有滚桶抛光机和振动抛光机两种。倒棱工序中所用的滚桶即可用作滚桶抛光机，只不过体积小一些，转速快一些。其抛光过程与振动抛光机是相同的，故这里仅介绍振动抛光机。

振动抛光机是一项近代抛光技术，最初是用来抛光机械加工中的一些零件、随形件等，后引入宝石加工技术中。近年来，这项技术在我国得到了较快的发展，并日益完善。目前已出现了立式、卧式等不同类型的几十个品种。无论振动抛光机的类型如何，其结构及工作原理都是相似的。

图 6-13　振动抛光机

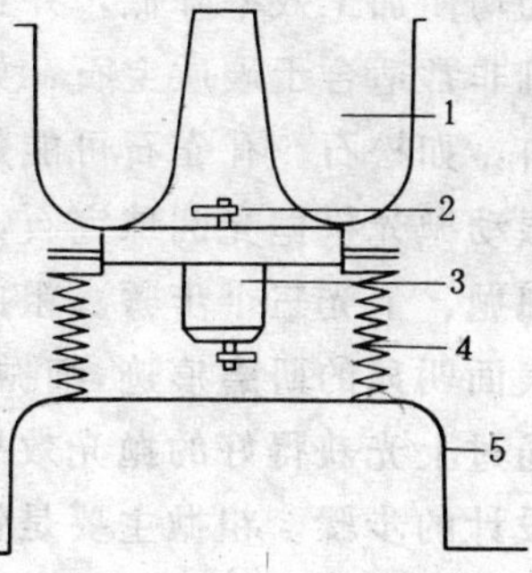

图 6-14　振动抛光机结构简图

1. 容器；2. 偏心块；3. 电机；4. 弹簧；5. 底座

用于宝石加工的振动抛光机如图 6-13、图 6-14 所示。其结构主要由容器、弹簧底座、电动机和偏心块等几部分组成。其振动轴（即电机轴）处于直立位置，上下两端装有偏心块，电机高速转动，带动偏心块产生离心力和倾倒力矩，通过弹簧使容器产生周期性振动，由于容器底部为一 U 形，各点的振幅和受力方向不同，使容器中的工件和磨料既围绕中心圆柱做圆周运动，又围绕 U 形容器底部上下翻动，工件彼此间既存在着滚动摩擦作用，也存在着滑动摩擦作用，振动抛光机正是通过工件间的这些摩擦作用使工件得以抛光的。

偏心块产生离心力和倾倒力矩的大小可以通过调整上下

偏心块的夹角来调节，它们对工件在容器中的运动状况产生重要影响。从而影响了抛光效率和质量。实验表明，当两偏心块间的夹角为90°时，抛光效率最高，夹角小于90°时，产生的离心力大，工件在容器内的圆周运动较快而翻滚速度较慢；夹角大于90°时，工件的圆周运动较慢而翻滚较快，这两种情况均使加工效率降低，并且可能使圆珠产生变形。振动抛光机非常适合于硬质宝石，如玛瑙、水晶的抛光，而对软质材料，如松石、孔雀石可能是不适用的。

振动抛光机抛光圆珠宝石，抛光周期较长，一般分为粗抛、细抛、上光三个步骤。粗抛主要是利用较粗的磨料去掉圆珠表面明显的研磨痕迹，细抛是为了去掉表面更小的痕迹，以便通过上光获得好的抛光效果，这主要是为了缩短抛光时间而设计的步骤。粗抛主要是针对硬度较大的材料（如石英类宝石）而言的，而如果这种材料经过长时间的细抛后再上光，同样能获得好的效果，但加工时间明显地加长了。抛光步骤的增多也给工作带来一些麻烦，因为每一步骤完成以后，都要对工件完全清洗，决不能将上道的磨料带入下一道中，否则，后面的工作将是浪费时间。一些规模大的工厂，各道工序都是用不同的机器加工，而要用同一机器加工时，容器必须彻底清洗。

较软的材料常常不需要经过粗抛而直接进行细抛。

粗抛一般选用320#～400#的磨料，磨料的量要适当，视圆珠的大小稍有变化，直径大的圆珠可以多加一些，反之应少加一些，加入磨料过少，研磨效率降低，而加入过多，磨料将工件裹住，摩擦仅在磨料间进行，同样会降低效率。加入水的量亦要适当，加入量太少，磨料过于粘稠，工件间的滑动摩擦和滚动摩擦的机会都少，而加水过多，磨料较多地沉积在容器底部，相当于磨料少的情况，且水对工件的运动有抑制作用，都会降低加工效率。

粗抛的时间一般为12h左右，硬度大的材料，时间可长一些，反之，则时间应短一些。

细抛一般选用800#～1000#的碳化硅磨料，加入的比例应比粗抛时适当少一些，水的加入量也应少一些，如果磨料和水的加入量太大，珠子表面过于粘糊，反而会降低加工效率。

细抛的目的是将表面明显的擦痕完全除去，使圆珠表面非常光滑，所以，需要的时间较长，一般需12～24h，如果粗抛工序做得不好，时间可能会更长。

细抛完成以后，再将圆珠彻底清洗，接着就抛光，将圆珠倒入容器中，加入适量的水及抛光剂，让抛光机工作24～48h，一般都可获得好的抛光效果。抛光剂一般选用氧化铬、硅藻土或刚玉粉。

上光时，圆珠表面已具备了很好的光滑度，对抛光剂的附着力及圆珠间的摩擦力明显地减少，这样势必会降低抛光效率，影响抛光效果。为了改变这一状况，可在圆珠中加入一些对抛光剂有附着力的其它物质的碎块，如竹块。实践证明，这对提高抛光效率是有一定帮助的。

抛光过程中，圆珠与抛光剂、水的比例见表6-4。

表6-4 抛光时圆珠与抛光剂、水的比例

工序	抛光剂类型	圆珠：抛光剂	圆珠：水
粗抛	320#～400#碳化硅磨料	100：(2～3)	100：(5～8)
细抛	800#～1000#碳化硅磨料	100：(1.5～2)	100：(5～6)
上光	抛光粉	100：1.5	100：3

整个抛光过程中都要注意：由于圆珠之间的摩擦碰撞产生热量，会导致水分的挥发，如果不及时补充，磨料及磨屑将会使圆珠粘在一起，翻滚速度明显降低，不仅不能起到好的抛光效果，反而会使圆珠因局部摩擦而变形，因此，要经常查看抛光情况，发现水分不足应立即补充。

六、上　蜡

上蜡并不是所有宝石都必不可少的加工工序。有些材料（如松石）必须上蜡，以掩盖其结构缺陷，而有些厂家，习惯于将各种宝石都上蜡。因为上蜡可以保护圆珠表面不受污染，填充和掩盖表面的凹坑、裂纹等缺陷，增加圆珠的光洁度。

多数宝石使用一般的油蜡即可，而松石必须使用川蜡，这不仅能增加其光洁度，还可以优化其颜色。

上蜡有两种方法：蒸蜡和煮蜡。

蒸蜡是预先将石蜡刮削成粉末状，将圆珠在蒸笼上蒸热，然后将石蜡粉洒于其上，石蜡熔化而使圆珠表面布满石蜡，这种上蜡方法只局限于表面，不能将蜡吸入材料的孔隙中，因而不能解决一些多孔宝石的上蜡问题。

相比之下，煮蜡的方法使上蜡较为透彻。在一容器中将蜡煮熔并保持一定的温度，将圆珠装入一筛状平底的容器中，连同容器一起浸入处于融熔状态的石蜡中，使其充分浸蜡，然后提起，迅速将多余的蜡甩干净，并将圆珠倒在毛巾或布上，擦去附着在表面上的蜡。

煮蜡的关键是要控制好蜡温和煮蜡时间，如果掌握不好，那些怕热的宝石（如松石）可能会变色或破裂。

七、穿　孔

穿孔一直是项链加工中需要解决的一个重要问题。因其穿孔直径小，工艺要求高，也是一个较难解决的问题。自古以来，人们一直很重视对它的研究，也在实践中总结了不少方法。随着现代科学技术的发展，这一工作已取得了突飞猛进的发展，快速高效的穿孔方法正在取代传统的手工作业，而某些传统的穿孔方法仍在民间得以保存。

穿孔的方法有很多，概括起来有传统的弓钻穿孔；近代的高速钻床穿孔；现代的超声波穿孔和激光穿孔等。弓钻穿孔是一种传统的手工作业，其基本方法是用手拉弓弦，带动一根缠绕弓弦的钻杆转动，依靠钻杆一端镶有金刚石或硬质合金的钻头完成钻孔作业。它不仅加工效率低，而且穿孔直径大，现在仅在某些玉器加工厂家和民间保存着这种加工工艺。激光穿孔是一现代技术，穿孔效率高，质量好，但它工作时产生的高温常常使宝石破裂或使有色宝石褪色。高速钻床穿孔和超声波穿孔是现代宝石加工中常用的穿孔方法。

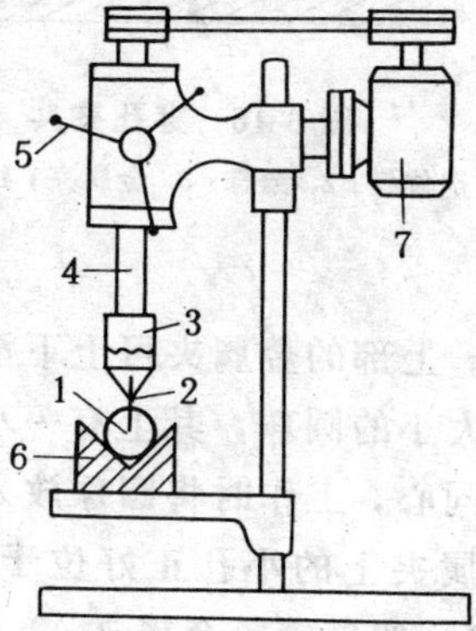

图 6-15　高速钻床

1. 圆珠；2. 钻头；3. 夹具；4. 主轴；5. 升降手柄；6. 定位模；7. 电机

1. 高速钻床穿孔

高速钻床穿孔是利用钻床的高速旋转，带动镶有金刚石的钻头对工件表面的局部区域产生快速磨削而实现穿孔的。

高速钻床的结构与普通台钻类似，如图 6-15 所示。所不同的是，高速钻床的转速比普通台钻快得多，工作时，转速为 5 500～10 000r/min。夹于钻杆夹具上的钻头主体由细钢丝制成，工作端镶有小粒钻石，按照结构的不同分为单刃钻头和双刃钻头。单刃钻头即将一粒金刚石镀入钢丝顶端；双刃钻头即在钢丝顶端镀上两粒金刚石，从使用效果来看后者较好，因它有利于碎屑的排除和冷却液的进入。

钻头直径在 0.6～1.4mm 之间，可以根据需要选用，直径大的圆珠，穿孔直径也相应较大。

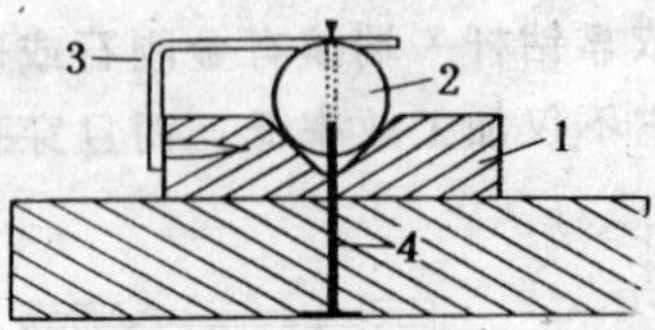

图 6-16　穿孔夹具

1. 定位模；2. 圆珠；3. 金属夹；4. 导向梢

钻头的转速很高，手握圆珠钻孔是十分危险的，同时也不能保证穿孔质量，为了解决这一问题，有必要设计一种夹具。图 6-16 所示的夹具较为理想，它一方面可以将圆珠夹紧，另一方面可以保证穿孔位置正好在圆珠的中心。上部的金属夹可上下滑动，可以夹紧一定直径范围的各种大小的圆珠，其上有一小孔，与下部处于直立状态的导向梢同心，工作时将圆珠放入 V 形槽内，调整圆珠的位置，使金属夹上的小孔正好位于圆珠顶部最高位置（亦即正中位置），然后锁紧金属夹。

钻孔开始时，钻头应轻轻接触圆珠表面，因圆珠已经过抛光并为一弧面，钻头极易在其表面游动，只有轻轻钻一凹坑后，钻头方能固定位置，这时才能对钻头施以一定的压力。

钻入一定的深度以后，应使钻头时起时落，以便冷却水的进入及碎屑的排除，提高加工效率。

提倡双向钻孔是十分必要的，因为从一端将孔钻穿，势必是入孔口径大出孔口径小且很容易造成圆珠在出孔端的崩口，这时造成圆珠的损坏是十分可惜的，如果从两头钻孔在中间对接，即可避免这一问题。钻头钻入一定深度后（一般要大于圆珠的半径），松开金属夹，将圆珠转换一个方向，并将导向梢插入孔中，然后，紧固圆珠，重复钻孔开始时的操作，直至将孔钻穿为止。

2. *超声波穿孔*

超声波穿孔技术是近年来才发展起来的新型技术，是现代科学技术成果在宝石加工中得以运用的典型范例。它很好地解决了脆性材料的穿孔问题，且穿孔效率高，操作方便，是我国目前正在普及的加工技术。

超声波穿孔机的结构如图 6-17、图 6-18 所示。它主要由超声波发生器、换能器、耦合放大杆、变幅杆和工具头组成。超声波发生器用来产生超声波，是穿孔机的能量来源；换能器将超声波发生器产生的超声波转换成一种高频机械振动。换能器的类型有多种，超声波穿孔机中多

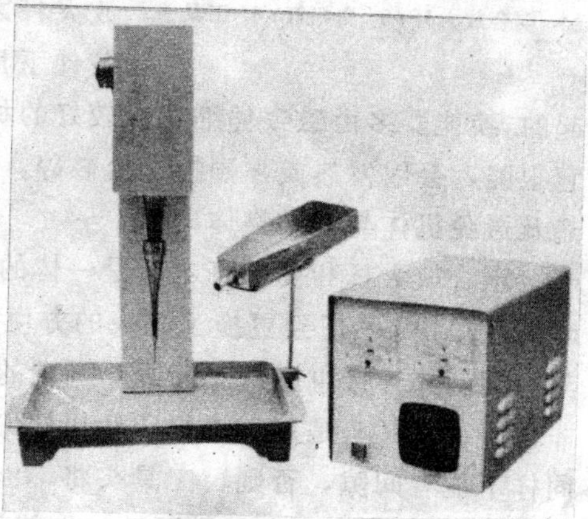

图 6-17　超声波穿孔机

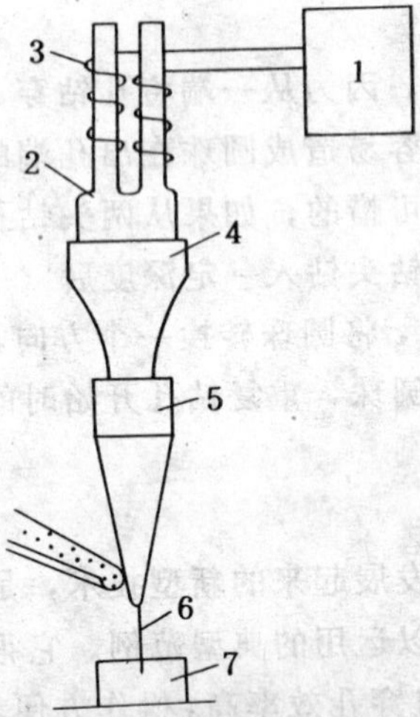

图 6-18 超声波穿孔机结构简图

1. 超声波发生器；2. 换能器；3. 线圈；4. 耦合放大杆；5. 变幅杆；6. 工具头；7. 工件

使用磁致伸缩换能器。耦合放大杆和变幅杆将振动的能量进一步地放大，然后传送给工具头，工具头大致以20kHz的频率振动，冲击由辅助系统带入其工作端的磨料，将磨料强制性地压入工件，并不断地剥蚀出碎屑，很快地在工件上穿出一个小孔。

超声波穿孔机是一种设备精密的机械，各部分的连接应相当紧密，稍有间隙都会降低工作效率，甚至使工具头完全不产生机械振动。

磁致伸缩换能器与耦合放大杆之间是在非常严格的条件下用环氧树脂粘接在一起的，换能器多由磁致伸缩特性较好的材料——镍制作而成，它很脆，会因发热或强烈撞击而破碎，使用过程中应注意散热及避免机体与其它物体碰撞。

耦合放大杆和变幅杆本应是一体的，但因工具头在工作时消耗很快，考虑到更换工具头的方便，将它设计成两部分，其间用丝扣连接也应毫无间隙，两端的平面度和光滑度都应非常好。工具头是用焊锡焊于变幅杆尖端的小孔中的，中央同样不能有间隙，否则，工具头将不能起振。工具头即是直径为 0.6～1.6mm 的高碳钢丝，将其剪成 40mm 长的小段，焊接前用砂纸将表面的铁锈及污物除去，以保证其与焊锡完全熔结。新启用的变幅杆，小孔中的污物也应彻底清除，清除方法是向小孔中灌入焊锡，在未固结之前再将焊锡甩出，如此重复几次，污物便被带出，小孔壁上亦附着满焊锡，钢丝和小孔有污物都会造成“虚焊”现象。焊接时，小孔中注入的焊锡应适量，过少会造成工具头容易“活针”，过多又会因焊锡溢出而造成侧振（即钢针横向振动），这些问题都使超声波穿孔机无法正常工作。

穿孔工作一般是手持工件完成的，穿孔质量的优劣完全取决于操作人员的技术水平，全面了解超声波穿孔机的性能和提高工人的技术素质是十分必要的。

穿孔一般选择使用120#～180#的碳化硅磨料，整个穿孔过程中应连续不断地向工具头供给水和磨料，穿孔时在工具头与工件间产生很大的热量，如果冷却不及时，很可能使工件破裂或变色，也可能造成焊锡熔化而导致“活针”。同时，对工件施加的压力不应太大。压力太大也是工件出现破裂的原因。

对同一个工件应提倡两头穿孔，因工具头工作时，工作端很快变尖而基部较粗，从工件一端直接将孔钻穿势必造成入口孔大而出口孔小的现象。同时，出口处很可能因剧烈的冲击而崩口，两头穿孔即可避免这些问题的出现。另外，一头穿孔很可能使穿孔位置不在工件正中央，可以通过两头穿孔进行补救，即使两头穿孔的孔线在工件中间对接形成一个折线，但穿成项链后也不会给人以偏孔的感觉。当然，偏孔现象是一个技术问题，此举是不得以而为之。为了实现正确地穿孔，先要找好大致的穿孔位置，用一手指顶着圆珠底部送入工具头尖端，钻入一定深度（一般1mm左右）以后，即可用另一只手拨动圆珠径向转动，这样可以校正孔位。如果孔位不在中心，圆珠就会偏摆，需要及时进行校正，当圆珠不发生偏摆时即表明孔位正好在圆珠中心。

直径较大的圆珠穿孔时，效率相对较低，因随着穿孔的深入，磨料将变得难以进入，碎屑亦难以排除。这时，应不断地将工件从工具头上退出，以便于磨料与碎屑的交替，从而提高加工效率。

超声波穿孔机用于脆性材料的穿孔时，效率是十分高的，一粒直径为 10mm 的水晶圆珠只需 30～40s 的时间即可完成，但对韧性好的材料，如玛瑙，效率低一些，而对金属材料是无能为力的。

近年来，超声波穿孔技术的发展表现在多头超声波穿孔机的出现，如图 6-19 所示。该设备可以对几十粒甚至上百粒圆珠同时进行穿孔，如果在变幅杆上焊上合适的硬质合金模具，该设备还可以用来加工各种类型的浮雕挂件。

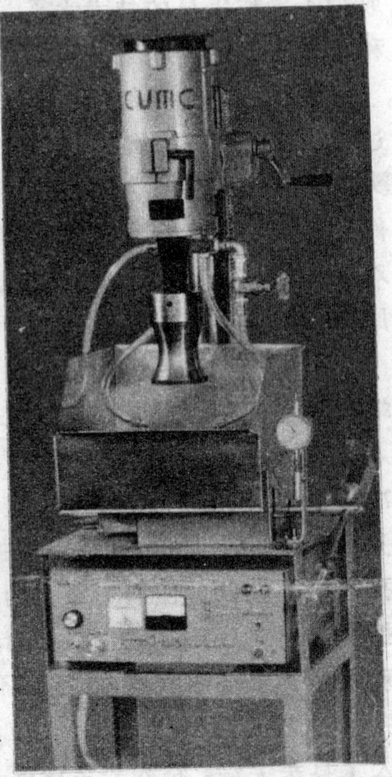

图 6-19　多头超声波穿孔机

多头超声波穿孔机的工作原理与单头超声波穿孔机是相同的，其结构的不同之处在于，换能器的输出功率要大得多，在同一变幅杆上粘上多个工具头且每个工具头均能获得相同的能量，加工的圆珠装入图6-20所示的模子中，模子的每个圆孔的中心与工具头的位置对应，这样，多个圆珠可以同时穿孔。

多头超声波穿孔机的优点是十分明显的，它可以在单头穿孔机的基础上将加工效率提高数十倍。但它也存在一些缺陷，因为圆珠是装模子固定的，一经固定就不能再动，只能从一端将孔钻穿，圆珠的崩口现象不可避免；工具头焊接位置的偏差使得偏孔现象十分常见。所以，多头穿孔目前主要用于直径小（如ϕ4mm）的圆珠及低档宝石圆珠的穿孔。

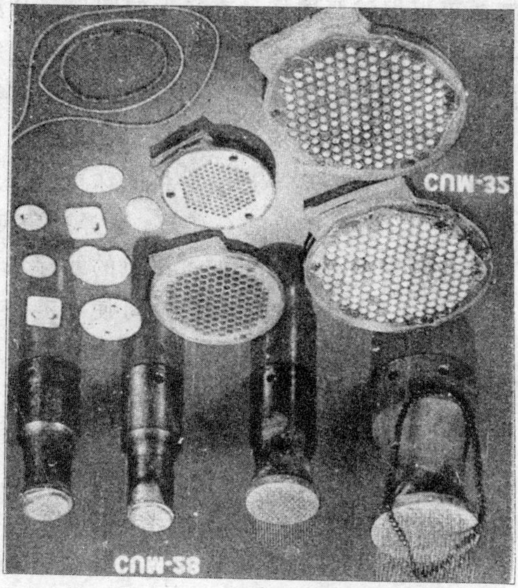

图 6-20　多头超声波穿孔机的变幅杆及工件模具

八、穿　链

穿链工序是项链加工的最后一道工序。需要操作者按照设计的要求将圆珠或其它样式的穿孔珠组合在一起，形成受人喜爱的项链工艺品。

穿链线一般采用蚕丝线、尼龙线或塑料线，线的粗细和颜色可根据需要选择，直径大的圆珠，孔亦大，穿的线应粗一些，反之应细一些。如果大孔珠穿以细线，不仅容易给人以偏孔的印象，而且珠在线上来回活动，容易将线磨断。

穿线的颜色也应注意选择，什么颜色的珠就应选择什么颜色的线。透明至半透明材料的珠更应如此，这一点是重要的。但更为至关重要的一点是，选择颜色与圆珠相近的穿线，可优化项链的外观。例如，深色的线穿浅色珠可使项链整体颜色加深；用浅色线穿深色珠可使项链整体颜色变浅。这一点应该在穿链时很好地加以利用。

传统的穿链方式有两种：平链和塔链。平链即将直径相同的圆珠穿在一起；塔链则是中间的圆珠最大，两边圆珠直径对称地逐渐减小。穿链可以用手工完成，也可以在穿链机上完成。穿链机如图 6-21 所示。其主要结构由两个平行装配的杠杆组成，分别在电机和皮带轮的带动下沿相同的方向转动。将穿孔圆珠放于两杆之间自然排成一排，随着杠杆的转动，穿孔圆珠因离心力的作用而使孔均与杠杆平行的方向排列。这时即可用一根比较硬的线（如塑料线）从一头穿向另一头。很显然，它只适合于穿平链，而且穿链前需要进行分径。所以，穿链机的使用局限性很大。

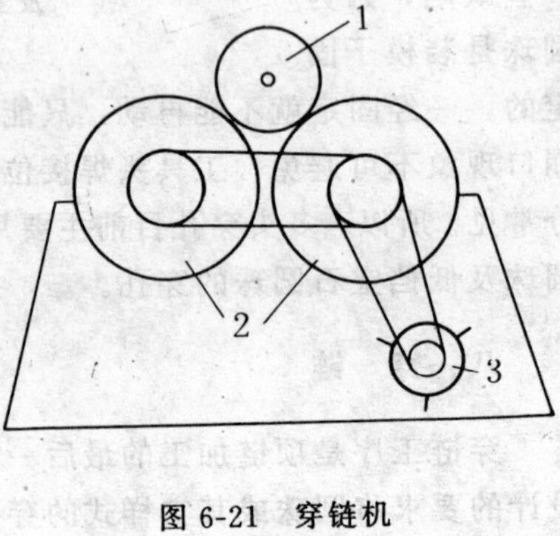

图 6-21　穿链机

1. 圆珠；2. 皮带轮及杠杆；3. 电机

在当今的消费观念中，传统的穿链款式已经很少受欢迎了，特别是在当今市场竞争日益激烈的情况下，有关生产厂家为了迎合顾客的需求心理，不断地推陈出新，设计出各种新颖的款式供顾客挑选，以使自己在市场竞争中立于不败之地，所以，现时穿链方式仍以手工为主。

穿链尤其要注意款式设计，从美学的角度及人们的消费心理出发，设计出千姿百态的款式，才能得到各类消费者的喜爱。单就圆珠而言，仅仅在圆珠直径大小和色彩搭配上变化，其款式变化是有限的。但可以生产各种各样的异形珠与之搭配。如刻面珠、扭转珠、枣核珠等，或者加上各种样式的吊坠，项链的款式就会变得多姿多彩了。

第七章 常见宝石的特征及加工要领

一、刚 玉

1. 主要物理和光学特性

化学成分：氧化铝，分子式为 Al_2O_3。

晶系：三方晶系。

结晶习性：通常呈柱状或板状六边形晶体，带扁平平行双面终端，一些宝石呈桶状外观，表面常有横向生长纹。

解理：无。但由于叶片状双晶的原因，发育有平行于底面和菱形面的裂理。

摩氏硬度：9。

折射率：1.76～1.78。

色散：低，0.018。

光泽：明亮玻璃光泽至亚金刚光泽。

颜色和品种：纯净的刚玉为无色，但常常含有少量微量元素而呈各种颜色，含氧化铬者呈红色——红宝石；含氧化铁和氧化钛者呈蓝色或绿色；含氧化铁者呈黄色；含氧化铬和氧化铁者呈橙色；含氧化铬、氧化钛和氧化铁者呈紫色，除红色以外的其它颜色的刚玉均称为蓝宝石。“蓝宝石”一词单独使用时，是指蓝色的蓝宝石。而其它颜色的蓝宝石在描述时，应加上其颜色特征，如黄色蓝宝石。

多色性：红宝石——红和橙红，蓝宝石——蓝和蓝绿。

光学效应：常见星光效应，极少见猫眼效应。

透明的优质刚玉是十分珍贵的，只有在矿物质相对纯净的环境中才能形成，而天然刚玉在其形成过程中，常常处于许多其它矿物和杂质的包围之中，这些矿物和杂质被包裹于刚玉晶体中，便形成了半透明—不透明的刚玉品种，其中颜色纯正者才能作为宝石。

当一些细小的针状、纤维状矿物晶体被包裹于刚玉晶体之中时，往往会按照一定的结晶方位定向排列。刚玉为三方晶系矿物，常呈六方柱状、板状习性，针状、纤维状包裹体的排列方向常与晶面平行，即有三组，当它们密集排列时，予以合适的定向并加工成凸面型款式，则可出现六对星光效应。色优质好的星光红、蓝宝石均为高档宝石。

2. 宝石设计与加工

透明无瑕的材料常加工成小面型宝石，所选择的款式包括圆多面型和混合型，而半透明—不透明的材料或包裹体、裂纹过多的透明材料以及具星光、猫眼效应的材料均应被加工成凸面型宝石。

刚玉被加工成小面型款式时，为了体现出其最理想的颜色，不论是红宝石还是蓝宝石，都必须使宝石的台面垂直于 c 轴，否则，红宝石将呈现橙红色而不是鲜红色，而蓝宝石将呈现蓝绿色而不是湛蓝色，这将降低宝石的颜色魅力，从而降低了宝石的价值。当然，宝石设计仅从颜色方面考虑是不够的，还必须考虑其它因素。如宝石材料的外形，如果上述定向对宝石成品的重量确有较大损失的话，也不妨考虑使台面平行 c 轴方向或倾斜一定的角度。这样，颜色虽然变得不理想，但成品重量的增加可能会提高宝石的总体价值。值得注意的是，刚玉类宝石的颜色很重要，颜色相差一点，价格可能差别很大，优质红宝石表现得特别明显。在设计时，我们应当考虑到各种因素引起的后果，这一点要求我们对市场有全面的了解，才能表现出设计的灵活性。

某些宝石（尤其是蓝宝石）原料，由于在晶体生长过程中化学成分的轻微变化，晶体的生长呈六边环带状，有些环带十分明显，如果宝石的定向使台面与c轴垂直，则对宝石的外观有严重的影响，在这种情况下，也可以考虑使宝石的台面平行于c轴方向。

所有具星光效应的刚玉，其定向必须使凸面型宝石的底面或腰棱与c轴方向垂直，否则，星光将不会以凸面型宝石的顶点为中心，而是倾向一边，甚至不会出现星光。星光刚玉一般加工成双凸面型款式（主要是出于保重的需要），为了使星状光芒明晰，顶部一般突起较高，底部一般不须抛光。

如此看来，刚玉的加工中确定c轴的方向是一个非常重要的问题。对于完整的晶体来说，这一问题不难解决，但在实际工作中遇到的常常是晶体碎块或滚圆卵石，给这一工作带来了困难。对于透明材料来说，可以借助二色镜确定c轴的大致方向。我们知道，刚玉为一轴晶宝石，在平行于c轴的方向上不显示二色性。因此，可以在二色镜下转动宝石，如果材料在某一方向上不显示二色性，那么，这个方向即为材料c轴的方向。晶体碎块还可以根据表面生长纹来判断c轴方向。而某些显示星光效应的卵石常常是既不透明，又无生长纹。这时，只有借助其色带来加以判断，在刚玉晶体中，六边形色带的延伸方向是与c轴方向平行的。如果别无它法，可将卵石放入滚桶或振动抛光机中进行抛光，这时将显示出星光的出露位置，问题就迎刃而解了。

刚玉的硬度较大，在碳化硅砂轮上成形时会很快使砂轮变形，且不能磨成规矩的形状，为了保证造型的精密度，可用 80#～120# 的金刚石砂轮加工，小面型款式用 180# 及 600# 的钻粉磨盘进行粗磨和细磨，用 W3.5 的钻石粉在锡盘或锌合金盘上抛光，可以获得很好的光洁度。台面宽度 58%，冠部主小面切磨角度为 37°，亭部主小面的切磨角度为 42°。刚玉的色散较弱，但合适的切磨角度和良好的抛光工艺可使其出现一些火彩，并获得很好的亮度。切磨成凸面型宝石款式时，可用 100# 和 400# 的碳化硅砂布进行粗磨和细磨。用 W3.5 的钻石粉在带有弧形凹槽的木质抛光盘上抛光，最后用硅藻土再抛光一次可以提高光洁度。

刚玉类宝石的导热性较好。虽然加工中的发热问题对宝石本身不会产生影响，但加工过程中仍要注意其发热问题。因为发热可能使宝石从胶上脱落或移位，给加工造成不必要的麻烦。尤其是在宝石的抛光过程中，要经常注意冷却，过热还会在抛光面上产生火痕。

二、绿柱石

1. 主要物理和光学特性

化学成分：铍铝硅酸盐，分子式为：$Be_3Al_2(SiO_3)_6$。

晶系：六方晶系。

结晶习性：通常呈六方柱状，具柱、锥和平行双面，宝石级材料常以完好的晶体产出。

解理：不完全底面解理。

摩氏硬度：7.25～7.75。

折射率：1.56～1.59。

色散：0.014。

光泽：玻璃光泽。

主要品种：祖母绿、海蓝宝石。

多色性：祖母绿——蓝绿和黄绿，海蓝宝石——蓝或绿和无色。

光学效应：猫眼效应。

普通绿柱石常产于与伟晶岩有关的矿床中，通常以较大的完整晶体产出。但伟晶岩中很少有祖母绿产出，它常产生于与变质岩有关的片岩型矿床中，且通常是小块的，形状不规则。多数祖母绿含有暗色矿物包裹体，大个的优质祖母绿十分难得。正因为如此，以及它令人赏心悦目的颜色，祖母绿被列为五大名宝石之一。

在绿柱石的多数宝石品种中，晶体内部含有平行于 c 轴的针状、管状包裹体，若它们密集排列，通过适当的加工可产生猫眼效应。

2. 宝石设计与加工

透明无瑕的绿柱石通常加工成小面型宝石。祖母绿具有漂亮的颜色，因而通常被加工成阶梯型款式。祖母绿具易脆的特点，阶梯型款式的四个角常常被去掉，形成外轮廓为八边形的长方形——祖母绿型。根据材料的外形，它还可以切磨成正方祖母绿型、细长型。但它们很少采用圆多面型，因为这种款式不能使祖母绿的颜色达到最佳效果。而海蓝宝石和其它品种通常加工成圆多面型。瑕疵严重及具有猫眼效应的绿柱石应加工成凸面型。

绿柱石的各个品种均具有明显的多色性，设计时通常要考虑定向问题。一般来说，沿晶体 c 轴方向颜色较为理想。尤其是海蓝宝石，在垂直于 c 轴的方向上观察，宝石近于无色或呈体色的淡色调。所以，绿柱石的定向通常应使宝石的台面与 c 轴垂直。这一工作通常是比较简单的，因为绿柱石多以晶体产出。猫眼宝石的定向应使凸面型宝石的底面或腰棱平行

于 c 轴，如果外形为椭圆形，还应使椭圆形的长轴垂直于 c 轴，即使猫眼的光带出现在椭圆形长轴方向上。

海蓝宝石对热并不十分敏感。然而，对于祖母绿，特别是那些裂纹发育的祖母绿，必须十分小心，因为加工过程中产生的热可能使裂纹进一步扩大，甚至使宝石完全破裂。

小面型宝石用 260# 和 800# 的钻粉磨盘进行粗磨和细磨。用 W2.5 的钻石粉或刚玉粉，在锡铅合金盘上抛光，可以获得满意的抛光效果。绿柱石具有易脆的特点，抛光时施加的压力不宜过大，以防抛光盘的震动和冲击而使材料破碎。冠部和亭部主小面的切磨角度分别为 42°和 43°。台面宽度 54%。这种比例和角度可以使宝石获得较好的亮度。凸面型宝石用 100#～120# 的碳化硅砂布粗磨，用 400# 的砂布细磨，在皮盘上用刚玉粉进行抛光可以获得理想的抛光效果，且抛光效率高，也可在毛呢或毡盘上用氧化铈进行抛光，但效率很低。绿柱石的抛光尽量不要使用诸如氧化铬、氧化铁之类的易污染的抛光粉，因为它们常有裂隙，猫眼宝石也常有细孔洞，抛光粉的进入将对宝石造成污染。如果别无选择，可将宝石加热，然后浸入石蜡液中，宝石冷却时将蜡吸入，封闭裂隙和孔洞，就可以避免污染现象的发生。

三、金绿宝石

1. 主要物理和光学特性

化学成分：铍铝氧化物，分子式为：$BeAl_2O_4$。

晶系：斜方晶系。

结晶习性：通常为柱状或板状晶体，双晶常见。

解理：不完全到中等柱状解理。

摩氏硬度：8.5。

韧性：极好，无特殊光学效应的宝石韧性一般。

相对密度：3.72。

折射率：1.74～1.75。

色散：低，0.014。

主要品种：金绿宝石、变石。

多色性：中等，但在优质变石种中较强。

光泽：玻璃光泽。

光学效应：猫眼效应。

金绿宝石通常产于伟晶岩脉，也发现于一些片麻岩、云母片岩和花岗岩中。由于金绿宝石硬度高，韧性好，通常以滚圆卵石产出。

金绿宝石的两个重要品种是变石和金绿宝石猫眼。

变石是金绿宝石中的一个稀有品种，宝石学家对其感兴趣的是其变色效应。即在烛光或钨丝光的照射下呈红色，而在日光和荧光灯的照射下呈绿色的现象。产生这种颜色变化的原因归咎于微量元素——铬对自然光的吸收作用。在变石的结构中，作用于铬离子的力的强度在红光和绿光之间保持着精确的平衡，以致宝石的颜色取决于观察宝石的光源，烛光或钨丝光中与红光相当的能量多，故宝石呈红色。而日光和荧光灯中蓝绿色光的能量占优势，故宝石呈绿色。金绿宝石猫眼也是由于内部的平行排列的针状、管状包裹体对光的反射而产生的，这一点已在前面有关章节作过介绍。

2. 宝石设计与加工

透明的金绿宝石常加工成小面型宝石，款式以混合型最为常见。冠部为圆多面型，亭部为阶梯型。具猫眼效应的材料通常加工成凸面型款式，双凸型较为常见。因为这样会使成品的重量增加许多。为了使光带更加明晰、灵活，顶部一般突起较高，底部通常不抛光。

变石具极强的多色性，颜色为红、黄、绿色，宝石的定向必须从台面方向看到红色或绿色，即台面与其中一种颜色方向垂直，否则，颜色的变化会太弱，就体现不出变石的特色。猫眼宝石同样需要定向。

金绿宝石具有良好的韧性，对热不敏感，虽然硬度较大，仍可在碳化硅砂轮上造型，但为了保证造型的精度，用金刚石砂轮打磨更为合适。小面型宝石用180#和600#的钻粉磨盘粗磨和细磨，用W3.5的钻石粉在锡或锌合金盘上抛光，可以获得比较好的抛光效果。台面宽度56%，冠部和亭部主小面的切磨角度分别为37°和42°时，宝石可以获得较好的亮度。

具有猫眼效应和瑕疵发育的宝石加工成凸面型款式时，用100#和400#的碳化硅砂布进行粗磨和细磨。用W3.5的钻石粉或刚玉粉在带有环槽的木盘或有机玻璃盘上抛光。

四、石榴子石

1. 主要物理和光学特性

化学成分：石榴子石有6个品种，通用分子式：$L_3M_2(SiO_4)_3$这些品种构成两个类质同象系列。在铝榴石系列中，L可以是Mg、Fe或Mn，而M永远是Al，在铬钙铁榴石系列中，L是Ca，而M可以是Cr、Al或Fe。常见的宝石品种包括镁铝榴石、铁铝榴石、锰铝榴石、钙铝榴石、钙铁榴石，而钙铬榴石是一种不常见的宝石品种。

晶系：等轴晶系。

结晶习性：菱形十二面体，也以滚圆卵石产出。

解理：无。

摩氏硬度：7～7.5。

折射率：单折射，视品种而变。

色散：中等，但钙铁榴石色散较强（0.057）。

光泽：玻璃光泽。

颜色：以褐红、红色调为主，也有绿色品种（如铬钒钙铝榴石、翠榴石）。

各种石榴子石的物理性质稍有差异，但大多数品种是透明无瑕的，只有块状钙铝榴石是半透明的材料，可作为玉石的代用品。石榴子石的颜色是丰富多彩的，但常见的以褐红色的镁铝榴石和铁铝榴石为主。

2. 宝石设计与加工

多数石榴子石为透明材料，适合于加工成小面型宝石。光性特征使得其加工无定向问题，加工的款式可以根据材料的外形注意选择圆多面型、阶梯型、混合型。

颜色发暗，质地不太透明的材料可以加工成低凸面型或凹凸型款式，以此改善其透明度和颜色。某些铁铝榴石中含有两组平行排列的针状包裹体，通过合适的定向将其加工成弧面型款式，可以显示出四射星光，但星光效应一般较弱。

石榴子石略显脆性，对热的敏感性适中，加工中应避免机械振动，注意冷却，以免宝石破裂。造型工序可在碳化硅砂轮上完成，小面型宝石用260#和600#的钻粉磨盘进行粗磨和细磨。用W2.5的钻石粉或刚玉粉在锡铝合金盘上抛光，一般不会有任何麻烦。台面宽度56%～57%，冠部和亭部主小面的切磨角度分别为37°和42°。多数石榴子石具有中等的色散，以合适的角度切磨的小面型宝石出现的火彩虽然被体色掩盖，但仍使宝石表现出生动的外观。尤其是翠榴石品种，色散值高（0.057），其火彩给宝石带来绚丽多彩、充满活力的表象。凸面型宝石用100#～120#和400#的碳化硅砂布进行粗磨和细磨，用刚玉粉或氧化铬在皮盘或毛呢盘上抛光，可以获得理想的抛光效果。星光宝石要求定位。可先将毛坯湿水，在强光源下，朦胧的星光就会出现，找准位置以后，再行加工。

五、长　石

1. 主要物理和光学特性

化学成分：钾、钠、钙的铝硅酸盐，它可分为：

（1）钾长石。化学成分为$KAlSi_3O_8$，包括正长石、微斜长石和透长石等同质多象变体。

（2）斜长石。它构成了介于钠长石与钙长石之间的类质同象系列。

长石的品种之一——月光石为钾长石与钠长石的混熔体。常见的宝石品种包括：拉长石、月光石、日光石、天河石等。

晶系：正长石和透长石属单斜晶系，其它为三斜晶系。

结晶习性：柱状晶体和晶体碎块，常见双晶。

解理：呈90°或近于90°相交的两组完全解理。

摩氏硬度：6。

折射率：月光石、日光石、天河石在1.52～1.53之间，拉长石为1.56～1.57。

光泽：玻璃光泽。

光学效应：月光石——光彩，日光石——砂金石闪光，拉长石——晕彩。

长石类宝石晶体十分少见，多为透明—半透明的晶体碎块和滚圆卵石。

月光石通常是无色—白色，透明—半透明，其迷人之处在于它具有光彩效应，定向的切磨还可以出现猫眼效应，关于其形成机理，已在有关章节作过详细的介绍。

日光石是斜长石的一个品种，颜色为浅黄—桔黄色、褐色。透明—半透明，光学效应常称为砂金石闪光，形成原因是因为这类长石内部含有金属矿物。如赤铁矿、针铁矿的小片。当它们被加工成凸面型宝石时，光线通过金属小片的反射，宝石表现出一种红色或金色的闪光，日光石亦因此而得名。

天河石是微斜长石的亮绿—亮蓝绿色变种，因颜色与翡翠相似而受人喜爱，颜色分布很有特征。绿色和白色呈格子状分布，这是由其结构造成的，几组双晶近于直角状互相交叉。

拉长石是斜长石中的一个品种，透明—不透明。其迷人之处在于，从某一方向观察一些半透明—不透明的宝石材料，可以见到色彩斑斓的蓝色闪光。大块的拉长石显示的这种效应最佳，被称为拉长晕彩。

拉长晕彩是由其层状结构引起的，在某些情况下，斜长石的聚片双晶导致反光，与邻近不同方向的每一薄片层产生干涉效应，就如折射率稍有不同的透明胶片叠在一起时出现的情况。若宝石被磨成一个大的平面，则仅在一个方向上能看到晕彩。但当被加工成凸面型款式时，转动宝石，晕彩似乎在宝石表面游动。

2. 宝石设计与加工

透明的黄色正长石和稀有的透明黄色拉长石常加工成小面型宝石，圆多面型和阶梯型是最常用的款式。长石的硬度较低，加上这些品种稀少的原因，它们常常被视为珍品收藏。由于长石的解理比较发育，因此，在设计时，应避免各小面与各解理方向平行，至少应避免台面方向与解理面平行，否则宝石将不能被抛光。

月光石、日光石及呈晕彩的拉长石必须加工成凸面型宝石。且常选择高凸型款式，这主要是因为长石的解理发育，若加工成中低凸型款式，薄的边缘很可能破碎，另外突起越高，这些效应越明显。加工前，宝石必须进行定向。

月光石的定向已在有关章节中作过介绍，即当底面或腰棱与结构层面平行时，光彩效应才会出现在宝石正中央。在强顶光源下转动宝石，可以在某一方向的小平面上看到光彩效应，而这一方向正好与月光石的一组解理方向垂直，小平面的延伸方向即可作为凸面型宝石底面的方向。同理，日光石的定向使底面与片状矿物包裹体的排列一致时闪光最强。拉长石的定向使底面与聚片双晶的方向一致时才能看到晕彩。在强光源下检查宝石，均能迅速而准确地进行定向。

长石易脆，不耐热，有裂隙的材料更是如此。因此，加工过程中应最大限度地避免机械振动和发热。造型工序在碳化硅砂轮上完成。但砂轮的转动不能有任何偏摆，并应不停地保持水冷。小面型宝石用260#和800#的钻粉磨盘进行粗磨和细磨，用刚玉粉或氧化铈、氧化铬在有机玻璃盘或铅合金盘上抛光。台面宽度52%，冠部和亭部主小面的切磨角度分别为42°和43°。凸面型宝石用180#和600#的碳化硅砂布或石英砂布进行粗磨和细磨，用任何抛光粉在皮盘或毛呢盘上抛光，均能获得理想的抛光效果。但用皮盘抛光时应注意发热问题。

六、橄榄石

1. 主要物理和光学特性

化学成分：镁铁硅酸盐，分子式为：$(Mg, Fe)_2SiO_4$。

晶系：斜方晶系。

结晶习性：柱状，晶形完好的晶体少见，常以晶体碎块或滚圆卵石产出。

解理：无。

摩氏硬度：6.5。

折射率：1.65～1.69。

色散：中等，0.020。

光泽：玻璃光泽。

多色性：弱，绿和黄绿。

宝石级橄榄石主要产于基性火山岩中，完整的晶体极罕见，常作为基性火山岩的一种副矿物产出。外形多不规则，尽管个头较大的橄榄石比较常见，但采矿十分困难。因为要从大块的火山岩中慢慢将橄榄石挖掘出，难免产生裂纹。所以橄榄石的出成率通常是比较低的，一般为7%～15%，只有那些冲积矿床中的滚圆卵石，出成率可能稍高一些。

2. 宝石设计与加工

橄榄石的设计是比较简单的，首先，它的多色性不明显，不存在定向问题；其次对款式的选择也比较随意，即可以根据材料的外形设计成任何一种款式。如，圆多面型、阶梯型、混合型。但是，它很少有加工成凸面型的。

橄榄石性脆，突然遇热会出现裂纹，韧性也比较差，加工中经常会出现一些麻烦。特别是有些材料，加工前未发现裂纹，但加工成成品后却发现有裂纹甚至完全破碎，可能是因为过热的原因，使材料中肉眼不易发现的裂纹扩大了；也可能是由于性脆的原因，加工过程中压力过大，震动和冲击的作用使宝石破裂。所以加工时要注意这些问题，尤其是在抛光时要注意宝石发热，压力不要过大，并经常保持冷却。

橄榄石的造型工序在碳化硅砂轮上完成，用 260# 和 800# 的钻粉磨盘进行粗磨和细磨。如果用 W2.5～1.5 的钻石粉在铅合金盘上抛光，将会顺利完成并可获得很好的抛光效果。但是，如果采用刚玉粉或氧化铬在铅合金盘上抛光时，可能会出现划痕，这时应改变抛光方向并降低抛光盘的转速，近于干抛时效果较好，但要注意发热。对于个头较大的材料，最好用有机玻璃或树脂盘抛光。

橄榄石的台面宽度为 54%，冠部和亭部主小面的切磨角度分别为 43°和 39°时，可以使宝石获得很好的亮度。较高的冠部可以增强双折射，使宝石的外观更加美丽。

七、石　英

石英类宝石包括透明的晶质石英（如白水晶、烟晶、紫晶、黄晶）和细粒石英（如玉髓、碧玉、虎睛石等）。

1. 主要物理和光学特性

化学成分：二氧化硅，分子式为 SiO_2。

晶系：三方晶系。

结晶习性：晶质——柱状，细粒者——结核、岩脉和夹层。

解理：无。通常为贝壳状断口。

摩氏硬度：晶质为 7，隐晶质为 6.5。

折射率：晶质 1.544～1.553，隐晶质 1.53～1.54。

光泽：玻璃光泽。

晶质石英通常产于高山洞穴及伟晶岩脉中，纯净者为无色，但常因含少量其它元素而使宝石致色，按其颜色可分为：白水晶、烟晶、紫晶、黄晶等。某些品种中含有平行排列的金红石针，适当的加工可使其显示星光效应，它是光在透射过程中照亮包裹体而产生的星光，即为透星光。细粒石英包括各种颜色的玉髓、玛瑙（条带状玉髓）以及玉髓置换蓝闪石石棉而形成的虎睛石（蓝色者称为鹰睛石），虎睛石经过定向切磨成凸面型宝石，可产生猫眼效应。某些玛瑙由于层间有薄层包裹物质，产生薄膜干涉现象，可以显示很好的晕彩。

2. 宝石设计与加工

白水晶和烟晶常用来加工圆珠项链及多面体项链。透明无瑕的白水晶多用来制作水晶眼镜，高档装饰品——水晶球和水晶雕刻品。

透明无瑕的紫晶、黄晶常用来加工成小面型宝石，圆多面型是最常见的款式，也可以切磨成阶梯型。对颜色深的材料减小切磨厚度可以改善其透明度及颜色，颜色浅的材料增大切磨厚度也可以加深其颜色。

由于水晶不存在解理，因此，有色水晶的设计只需作颜色定向，而有色水晶的多色性多数不明显。所以，颜色定向最主要的是考虑颜色不均匀的问题。在紫晶中，常常发育有与晶面平行的角状色带，每个色带之间的颜色差异可能很大，在设计时，应将颜色较好的色带放在小面型宝石的亭部，并尽可能使腰棱部位的颜色均匀一致。当然这也不是绝对的，颜色较深的材料，则应将浅色带安排在亭部，可使宝石的整体色调变淡。

具星光效应的水晶和具猫眼效应的虎睛石，以及具艳丽颜色和漂亮的花纹的玉髓（如绿玉髓）常加工成凸面型宝石，具特殊光学效应的宝石同样要进行定向。花纹的安排也有讲究，条带状花纹在椭圆形中应与其长轴方向一致。其它花纹尽可能安排在凸面型宝石的顶部中央。

各种颜色的玉髓（包括虎睛石）均可用来加工圆珠项链，

它质地坚韧，适合于批量的机械化生产。

石英的造型工序是在碳化硅砂轮上完成的，小面型宝石用 260# 和 800# 的钻粉磨盘进行粗磨和细磨。用氧化铈或氧化铬在铅合金盘或有机玻璃盘上抛光，效果较理想，凸面型宝石用 100# 和 400# 的碳化硅砂轮进行粗磨和细磨。用刚玉粉或氧化铬在皮盘或毛呢盘上抛光。大多可以获得好的抛光效果。但虎睛石的加工可能会出现一点麻烦，由于虎睛石是玉髓交代蓝闪石石棉而形成的一种宝石，内部结构并不紧密，在平行于石棉纤维的方向上总是或多或少地存在线状孔隙。研磨时，磨削方向应当与纤维方向垂直，否则，线状孔隙将有扩大和加深的趋势。抛光时亦如此，且不能使用氧化铬之类的容易造成污染的抛光剂，以刚玉粉、玛瑙粉最为合适。

八、尖晶石

1. 主要物理和光学特性

化学成分：镁铝氧化物，分子式为：$MgAl_2O_4$。

晶系：等轴晶系。

结晶习性：八面体和滚圆卵石。

解理：无。但大多数尖晶石易碎。

摩氏硬度：8。

折射率：1.712～1.730。

色散：中等，0.020。

光泽：明亮的玻璃光泽。

在所有的宝石中，尖晶石的颜色是最丰富的，从近于无色到橙色，粉红色到白色，浅蓝色至深蓝色，黑色以及深蓝绿色。其中以红色最为珍贵，颜色上乘的红色尖晶石与优质红宝石的颜色相似。在历史上，常常将它与红宝石混为一体，过去英国王冠上有两颗著名的红色尖晶石称为黑太子红宝石和铁木尔红宝石，这个名称说明当时区别红宝石与红色尖晶石所存在的混乱。当然，现代测试手段已经很容易解决这个问题了。

2. 宝石设计与加工

多数尖晶石切磨成小面型宝石，切磨的款式主要是圆多面型，包括标准圆多面型、椭圆形、梨型等。祖母绿型也是尖晶石切磨常用的款式。极少数有星光效应的尖晶石，以及有缺陷但颜色好的尖晶石也切磨成凸面型宝石。

尖晶石属于等轴晶系矿物，无方向性特征，解理亦不发育。因此，其设计没有定向要求，除非是有意去掉宝石中的某些缺陷。切磨的款式可以根据材料的形状而定。

尖晶石具有中等的色散值，当切磨角度和比例正确时，能够出现一些火彩，在有色品种中，尽管火彩被体色掩盖，但也能体现出生动的外观、漂亮的颜色和光彩夺目的光泽。尖晶石晶体的接触双晶较发育，常使原料呈扁平的外观，一些宝石设计师为了追求“保重”，不惜放弃这些优势，缩小宝石的切磨角度，结果，重量虽然保住了，宝石却无漂亮所言，这是很不可取的。

尖晶石易脆，加工中施加的压力不应过大，应尽量避免机械振动，并不断地保持冷却。

造型工序可在碳化硅砂轮上完成，用260#和600#的钻粉磨盘进行粗磨和细磨 用W2.5的钻石粉在锡铅合金盘上抛光，似乎不会出现什么麻烦。但是，按照抛光机理中的面层流动理论，尖晶石是比较难以抛光的宝石。因为在抛光过程中，由于抛光热产生的瞬时高温，使宝石产生瞬时熔化，在抛光面上形成类似于液体一样的流动面层，即贝尔拜(Beilby)层。并且在凝固时保持非结晶状态，这个层面（抛光层）虽然光滑，但可能黯淡无光或出现火痕。因此，在抛光过程中应注意发热问题。

九、黄　玉

1. 主要物理和光学特性

化学成分：氟铝硅酸盐。

晶系：斜方晶系。

结晶习性：柱状晶体，常以滚圆卵石产出。

摩氏硬度：8。韧性较差，轻轻敲打便会损坏。

解理：平行于底轴面的完全解理。

折射率：1.61～1.64。

色散：低，0.014。

光泽：玻璃光泽。

多色性：弱—强。

黄玉的颜色也有多种，可以各种色调的红、黄、蓝色产出，其中以酒黄色的品种最为珍贵。自然界产出的黄玉多为无色，经辐射—加热处理后变成稳定的蓝色，市场上出售的大多数蓝色黄玉都是经过这种处理而来的。

2. 宝石设计与加工

黄玉通常被切磨成小面型宝石。以前，标准圆多面型和混合型是常见的加工款式，现代切磨则以圆多面型和祖母绿型为主。由于抛光完美的黄玉具有与众不同的光泽，较大的宝石常加磨一些小面，以增强其闪烁。黄玉很少被加工成凸面型款式。

由于黄玉发育有一组平行于底轴面的完全解理，切割定向应非常小心，正如前面所述，宝石的定向必须使每个小面与解理面有5°的角度倾斜，如果某一小面与解理面平行，那么这个小面将永远也不能被抛光，另外，如果宝石定向使台面与解理方向垂直，则很容易在腰棱周围出现一些缺口。

宝石设计中还应考虑到，黄玉是各向异性宝石，具弱—强的多色性。在某些品种中，多色性十分明显，而在与解理面垂直的方向上颜色最好，但由于明显的原因不能作为台面的取向，所以，黄玉的设计是在颜色与解理方向之间寻求一种平衡。

黄玉对加工过程中的发热并不十分敏感，所以，只要稍加注意就可以了。由于解理的原因，黄玉易碎，加工过程中应尽量避免震动和冲击。黄玉的造型在碳化硅砂轮上完成，用 260# 和 600# 的钻粉磨盘进行粗磨和细磨，用 W2.5 的钻石粉在锡铅合金盘上抛光。黄玉的抛光一般不会遇到什么麻烦，只要方法得当，是很容易实现好的抛光效果的。抛光过程中压力不应太大，抛光盘旋转要平稳，否则将在抛光面上出现火痕。另外，还要经常保持冷却，以防宝石因过热而破裂或从粘胶上脱落下来。台面宽度 54%，冠部和亭部主小面的切磨角度分别为 43°和 39°。

十、碧　玺

1. 主要物理和光学性质

化学成分：镁、铝、铁的复杂硼硅酸盐。

晶系：三方晶系。

结晶习性：柱状，截面常呈球面三角形。

解理：无。

摩氏硬度：7～7.5。

折射率：1.62～1.65。

光泽：玻璃光泽。

色散：低，0.017。

多色性：强—弱。取决于体色的色调和深浅。

光学效应：含大量平行纤维或管状孔穴的材料，可显示猫眼效应。

碧玺可以呈各种颜色，其颜色变化范围可能比任何宝石都要大，这种变化归因于其形成环境中化学成分、温度和压力的变化，同一个晶体的不同部位可能显示不同的颜色，有些品种发育有环绕 c 轴的环带，著名的“西瓜碧玺”就是一个很好的例子。

2. 宝石设计与加工

多数碧玺晶体为纯净透明的材料，常加工成小面型宝石，常见的切磨款式主要为圆多面型和阶梯型。如果宝石的定向使台面垂直于 c 轴方向，则宝石常被切磨成圆多面型。成品的外形包括圆形和心形，这种定向也可将宝石切磨成心形阶梯型款式。如果使台面平行于 c 轴，则多切磨成阶梯型或椭圆圆多面型款式。具猫眼效应的碧玺应加工成凸面型款式。

多数碧玺（尤其是绿碧玺）具有较强的二色性，切磨时只有选择正确的方位，才能显示出诱人的颜色，这个问题在宝石设计的有关章节中已作过详细地介绍。

碧玺的造型工序可在碳化硅砂轮上完成，小面型宝石用260#和600#的钻粉磨盘进行粗磨和细磨，用W2.5的钻石粉或刚玉粉在锡铅合金盘上抛光，一般不会出现什么问题。但是，如果抛光面较大，可能会出现划痕。所以，抛光时应不断地改变方向，施加的压力也不应太大。

凸面型宝石用100#和400#的碳化硅砂布研磨，用刚玉粉或氧化铬在皮盘上抛光，由于碧玺中存在线状空穴，抛光剂很容易渗入其中而污染宝石，所以，抛光前应将空穴封起来。可以将宝石稍稍加热，然后，投入熔化的虫胶中，冷却后，胶被吸入孔隙中。抛光完成以后，将宝石放在酒精中加热，胶便会被去掉。

十一、锆　石

1. 主要物理和光学特性

化学成分：锆硅酸盐，分子式为：$ZrSiO_4$。

晶系：四方晶系。

结晶习性：柱状，宝石级锆石多以水蚀卵石产出。

解理：无，但韧性较差。

摩氏硬度：6～7.5。

折射率：1.78～1.99。

色散：高，0.039。

光泽：亚金刚光泽。

多色性：一般较弱，但在蓝色锆石中较强，为蓝色和无色。

锆石中一般含有放射性元素，它们破坏了锆石的晶格，从而使其物理性质变化范围较大。宝石学中将物理参数较低的称为低型锆石，较高的称为高型锆石。几乎各种颜色的锆石都有产出，其中以无色和蓝色者最受人欢迎，而以蓝色锆石价值较高。

2. 宝石设计和加工

由于锆石具有类似于金刚石的光泽、折射率和色散。因此，它常用作仿钻材料。标准圆多面型是锆石最常用的款式，这样切磨的锆石火彩十分强烈，外观与钻石十分相似。为了展示锆石的色散，锆石的冠部一般切磨得比钻石厚一些。切磨角度为35°～37°，亭部与钻石相似，为41°。锆石也可以加工成其它圆多面型款式，如椭圆形、橄榄形等，但火彩明显地比钻石弱。

在设计时，具多色性的蓝色锆石应进行定向，由于蓝色者价值更高，故宝石的定向应以体现蓝色为原则。

锆石的韧性较低，加工过程中应尽量避免震动和冲击，也应避免发热。造型工序仍在碳化硅砂轮上完成，用 260# 和 600# 的钻石粉进行粗磨和细磨。一些低型锆石，各部位的硬度可能不一样，要注意各组小面大小的均匀一致，抛光可用 W2.5 的钻石粉在锡铅合金盘上完成，为了避免过热，可将钻石粉调制稀一些，稀释剂在宝石与抛光盘之间起润滑作用。如遇有硬度差异的材料，较软的小面可降低抛光盘的转速，并减小工作压力，以免小面抛光过度。

十二、欧 泊

1. 主要物理和光学特性

化学成分：含水的二氧化硅，含水量在 4%～10%之间。

结构：非晶质不显方向性特征。

解理：无，但性脆。

摩氏硬度：6。

折射率：1.45，火欧泊一般为 1.40。

光泽：玻璃光泽。

光学效应：变彩效应。

欧泊的颜色十分丰富，体色可以是黑、白、褐、粉红、橙、黄、绿、蓝等颜色。欧泊硬度低且韧性较差，之所以能成为宝石，主要是因为它显示的五光十色的变彩效应，而倍受人们的喜爱。变彩效应的形成机理，已在有关章节中作过详细介绍。

2. 宝石设计与加工

欧泊是从低温含氧化硅球体的水中沉积而形成的，通常以薄的条带或透镜状夹层形式产出。同时，变彩效应在一个近于平面上效果最好，这两个原因决定了具变彩效应的欧泊应加工成低凸面型款式，更薄的欧泊可以用来制作拼合石，顶部粘接无色水晶制作成二层石，底部加上黑色背景的三层石，可以使变彩效应更加醒目。由于拼合石增强了其耐磨能力，减小了因碰撞而破碎的可能性，也是受人欢迎的饰品。透明的火欧泊可加工成小面型宝石，圆多面型是其常用的款式。

欧泊的加工最重要的是避免任何震动和冲击，严格控制发热。欧泊性极脆，任何震动和冲击都将可能毁坏宝石。同时，怕热也是欧泊的一个致命弱点，温度的突然变化可导致欧泊突然裂开或产生细裂纹。过热将会使欧泊失水而变成白色或微棕色，甚至使变彩效应消失并且永远也不能再得以恢复。因此，对这些因素严格控制，对欧泊的加工是十分必要的。

欧泊是比较稀少的宝石种，切割时应该用非常薄的锯片，以尽量减少刀口的损失，同时要使锯片时刻保持不高的温度。造型工序在较细的碳化硅砂轮上完成，砂轮要修整得非常规矩，转动时不能有任何偏摆和震动，比较安全的办法是在金刚石砂轮上完成造型。小面型宝石用 320# 和 800# 的钻粉磨盘进行粗磨和细磨。用氧化铬或氧化铈在有机玻璃上抛光。凸面型宝石可用 180# 和 400# 的石英质水磨砂纸进行打磨，用氧化铬或氧化铈在毛呢或皮盘上抛光。

十三、翡 翠

1. 主要物理和光学特性

化学成分：钠铝硅酸盐。

结构：粒状、纤维状交织结构。

摩氏硬度：6.5～7。略有硬度差异，韧性极好，是所有宝石中韧性最高的。

解理：无。

透明度：半透明—不透明。

光泽：经抛光的宝石呈玻璃光泽到油脂光泽。

翡翠是一种钠铝硅酸盐矿物，矿物名称叫做硬玉。它可能是火成岩在高温高压下经变质作用形成的。纯净的硬玉无色，但常常含一些微量元素（如 Fe^{2+}、Cr^{3+}）而使其致色。常见的颜色包括各种色调的绿色、绿白杂色、蓝绿色、紫色、红色等。上等翡翠为近于透明的祖母绿色品种，颜色的成因是其结构中含有铬元素的缘故。

翡翠常常以大的块状或滚圆卵石产出，大的块料常用来制作各种类型的雕件，小块料制作挂件，只有那些更小的优质翡翠或制作雕件、挂件挖出的边角碎块中色好的材料才用作首饰石。

2. 宝石设计与加工

由于翡翠为半透明—不透明的宝石材料，通常被加工成凸面型宝石，单凸面型和双凸面型都较常见，突起的高度视材料的厚度及透明度而定。

我们接到一块翡翠原料以后，首先，要对其进行认真细致的检查，搞清其质地、水头、颜色的深浅及分布方向，在此基础上考虑如何加工，才能使宝石的优势充分得到发挥。

翡翠的品质常从地和色两个方面来评价。地，亦即水头，主要是指其透明度及质地；色，亦即颜色，只有透明度好（即水头好），质地细腻，颜色符合浓、阳、均、正四个条件的，才能算得上翡翠之上品。在宝石设计时，要注重体现这两个方面的优势，实践证明，在加工过程中作些必要的处理，可以使这两方面的优势得到互补，有助于改善宝石的外观。如，一些透明度好，颜色较淡的材料可以加工得厚一些，这样可以使颜色显得浓一些；而一些颜色浓而透明度稍差（有色无种）的材料，可以加工得薄一些，这样有助于改善其透明度，并且也可能使颜色由沉闷变得鲜艳。对于翡翠来说，这些处理是十分必要的。

某些颜色不均匀的材料（如花青、白底青），在设计时，应尽量使宝石的表面布满颜色，并且将颜色浓阳的部分放在顶部中央，一边有色而另一边无色的凸面型宝石是不受欢迎的。

翡翠材料中常含有一些黑点和一些细小的裂纹，在加工中应该尽量去掉，如果万一去不掉，应将它们放在合适的位置。如凸面型宝石的边缘或底部，如果安排的位置不好，对宝石的价值有非常大的影响。

由于翡翠的特殊结构，使其具有极好的韧性，也有较好的耐热能力，加工过程中一般不会出现任何问题，造型工序在碳化硅砂轮上完成，用 100# 和 400# 的碳化硅砂布进行粗磨和细磨。但是，翡翠的抛光问题却使许多经验不足的切磨师感到头痛。

翡翠是一种多晶质集合体，不同方向上微晶的摩氏硬度略有差异。早期的抛光方法是用氧化铬在软盘（如牛皮、毡布）上抛光，结果在宝石表面抛出一些凹坑，使宝石产生一种涟漪状外观（桔皮效应），用钻石粉或刚玉粉在硬毡盘或软木盘上抛光可以解决这一问题。翡翠在近于干抛时，抛光效果最好。但干抛容易产生热，虽然热对翡翠的抛光有好处，但热得过头会使宝石发闷，同时，容易发生脱胶现象。采用低速抛光技术并施以稍大的压力，可以获得好的抛光效果。

十四、青金岩

1. 主要物理和光学特性

化学成分：由蓝色矿物青金石、蓝方石与方解石、黄铁矿组成的变质岩。

解理：无。

摩氏硬度：5.5，韧性一般。

光泽：蜡状光泽—玻璃光泽。

透明度：不透明—半透明。

颜色：蓝色或蓝白杂色。

2. 宝石设计与加工

青金岩是由多种矿物组成的岩石，由于其美丽的颜色而一直受人喜爱，由于材料本身不透明，用作首饰的青金岩常被加工成凸面型宝石和圆珠项链，也有加工成方形平板戒面用作男性首饰品，同样很受欢迎。

青金岩加工成凸面型宝石时，似乎没有什么困难，它的硬度较小，磨削非常迅速，应在粒度较细的碳化硅砂轮上造型，并且必须十分小心，以防局部磨削过量，研磨工序用180#和400#的水磨砂纸就可以很快将表面粗糙的痕迹去掉，使表面变得很光滑。抛光同样很容易，用刚玉粉、氧化铬或氧化铈在任何软盘上抛光，都会获得好的抛光效果，但是应该注意：

(1) 青金岩的抛光速度很快，要经常检查抛光进程，一旦达到应有的光度，立即停止作业，因为它是由多种矿物组成的岩石，不同的矿物硬度差异很大，如果抛光时间过长，差异磨削将会使圆滑的表面受到破坏，黄铁矿包裹体将会突出于表面。

（2）要尽量避免发热。一方面，青金岩的韧性非常一般，过热可能会使宝石破裂；另一方面，过热会使其中的硫化物（如黄铁矿）氧化，在宝石表面产生黑斑。

（3）整个加工过程中，都不能使材料与酸接触，因为青金岩中的方解石极易与酸起反应。

在圆珠项链中，青金岩属于高档材料。因此，加工时应尽量避免材料的损失，国内的做法是逐个地加工。由于其韧性一般，机械加工时，不能用钢质窝珠盘，而代之以硬木或塑料窝珠盘，可以减少材料的破损。青金岩的硬度较低，窝珠时间一般只需 20～30min 就可以了，抛光不能在振动抛光机中进行，用软盘抛光机较为理想。

十五、绿松石

1. 主要物理和光学特性

化学成分：含水的铜铝磷酸盐，分子式为：$CuAl_6 \cdot (PO_4)_4(OH)_8 \cdot 5H_2O$。

结构：微晶质。

解理：无，贝壳状断口，韧性一般较差。

摩氏硬度：5～6。

透明度：不透明：

光泽：蜡状光泽。

颜色：天蓝色、蓝绿色、绿色。

绿松石亦简称为松石，是我国人民喜爱的传统首饰材料。它具有美丽的颜色，如果将它赋予宗教的色彩，更显几分神秘，认为佩戴松石饰品可以驱恶避邪，起到护身符的作用。在我国许多古代文化遗址中，都发现有松石饰品作为随葬物，说明松石历来都受到人们的偏爱。其中的天蓝色品种是松石之上品，这种令人赏心悦目的颜色，在所有宝石中都是独一无二的。

2. 宝石设计与加工

松石是一种次生矿物，是含铜、磷、铝的地下水在近地表的岩脉中沉淀而形成的，常以脉状、结核状产出。大块的材料常用制作各种雕刻品，色优质好的小料和边角料常用来制作首饰。凸面型宝石戒面和圆珠项链都是常见的加工形式。

松石一般加工成单凸型戒面，由于其硬度较小，磨削快，造型工序可在粒度较细的碳化硅砂轮上完成，用 180# 和 400# 的碳化硅砂布完成研磨工序，也可在石英质水磨砂纸上加工，抛光则可选用玛瑙粉在软毡盘或毛呢盘上进行。

松石是一种多孔隙的宝石，它极易将其它物质吸附于孔隙中。因此，整个加工过程中应保持宝石干净，不能让其与油脂、染料接触，以防影响宝石的外观，抛光时不能用诸如：氧化铬、氧化铁等易污染的抛光粉。

松石怕热，因为其结构中含有水，过热会使宝石失水而变黄，加工过程中应始终注意冷却，尤其是在抛光时，应经常向抛光盘上添加抛光剂与水的悬浮液，只是在抛光结束前，可以将宝石略加干抛，可以提高光洁度，但必须掌握好干抛的时间。

另外，松石的化学性质不够稳定，易与酸碱起反应，加工过程中应避免接触这些物质，以免对宝石造成损坏。

松石加工成圆珠项链时，与青金岩的方法基本相同。

十六、孔雀石

1. 主要物理和光学特性

化学成分：铜碳酸盐，分子式为：$Cu_2CO_3(OH)_2$。

透明度：不透明。

光泽：丝绢光泽。

摩氏硬度：3.5～4，韧性差，易脆。

颜色：绿色。

孔雀石是一种含铜的碳酸盐类宝石，是含铜矿地区的洞穴中经淋漓沉积而形成的，常呈层状或结核状构造。其引人注目的特点是具有鲜艳的孔雀羽毛般的颜色和千变万化的条带及同心圆状花纹。这一特点使其成为受人喜爱的宝石。

2. 宝石设计与加工

孔雀石是一种不透明的宝石，常用来加工凸面型宝石和圆珠项链。在加工成凸面型宝石时，为了充分表现孔雀石千变万化的条纹特点，总是将宝石加工得较为宽大，以表现出条纹的完整性。设计时，还要使条带状条纹出现在椭圆形凸面型宝石的长轴方向上，使同心圆状条纹的圆心安排在凸面型宝石的顶部正中位置。

具纤维状构造的孔雀石可以出现猫眼效应，是由纤维状孔雀石对光的反射作用而形成的。纤维的方向通常与其层面垂直，孔雀石亦经常沿纤维方向破碎，故其定向工作不是很困难的。

孔雀石的硬度很低，加工中磨耗较快，造型工序在180#的碳化硅砂轮上进行，以180#和400#的砂布进行粗磨和细磨。可以使用玛瑙粉在毛呢盘上抛光。

孔雀石易脆，加工过程中应尽量避免机械振动，同时还应连续不断地保持冷却，中断冷却很可能使宝石发生破碎或产生裂纹，在使用皮盘抛光时，尤其要注意发热。

孔雀石是一种含水的碳酸盐矿物，极易与酸起反应，并出现沸腾状气泡，加工中应避免与任何酸性物质接触。

十七、珊 瑚

1. 主要物理与光学特性

化学成分：碳酸钙。

摩氏硬度：3.5。

光泽：蜡状光泽。

透明度：微透明—不透明。

颜色：蓝、红、粉红、橙红和白色。

珊瑚是一种生物成因的宝石原料，是一种被称为珊瑚虫的动物的分泌物，通常以较小的分支群体附着于海底，不产于大的生物礁中，树枝状珊瑚在纵向上常呈波纹状结构，在横向上则是放射状结构。

珊瑚历来是人们珍视的宝石，其中以红色珊瑚最受欢迎，它除具有美学价值以外，还常常将它赋予宗教色彩，在我国西藏，红色珊瑚也象松石一样受人欢迎。

2. 宝石设计与加工

大的树枝状珊瑚常常被用来加工成玉雕工艺品，一些边角余料及一些断枝，为了做到料尽其用，通常被加工成首饰工艺品。这种不透明的材料常见的加工形式包括凸面型宝石及圆珠项链。

红珊瑚的颜色通常不均匀，最好的颜色常常集中在表面，因此，加工时除要进行定向外，还要尽量少地磨削材料表面。

珊瑚的硬度较低，加工时磨耗速度很快，应注意磨削过量。加工成凸面型宝石时，造型可以在粒度较细（如180#）的碳化硅砂轮上进行，也可以使用小刀刮削成型，用280#和400#的碳化硅（或石英）砂布（或砂纸）进行粗磨和细磨，任何一种软盘都可以使珊瑚得到良好的抛光。

多数珊瑚常存在因结构而形成的孔洞，抛光所用的抛光剂也要注意选择，不要选用容易造成污染且颜色与珊瑚体色反差较大的抛光剂，用氧化铁或玛瑙粉抛光，效果可能较理想。

珊瑚的成分是碳酸钙，加工中应与酸隔离。

十八、琥 珀

1. 主要物理与光学特性

化学成分：是一种有机成因的化合物，分子式大致为：$C_6H_{16}O$。

结构：非晶质，可显示流动构造。

摩氏硬度：2.5。

折射率：1.54。

光泽：树脂光泽。

透明度：透明—微透明。

颜色：黄—褐色，淡红色，少量呈淡绿或淡蓝色。

琥珀不是矿物，而是一种有机成因的化合物，它是3000万年以前针叶树木的石化树脂，由于它具有这样的化学成分，当用火烧时，可发出树脂气味。

在琥珀的形成过程中，常包裹入一些小昆虫或植物碎屑及气泡，含完整小动物的琥珀常被收藏家们视为珍品。含有其它杂质者对宝石的透明度有较大的影响，将它们放在植物油中加热，可以改善其透明度。

2. 宝石设计与加工

大块的琥珀可用来雕刻各种工艺品，小块可用于加工凸面型宝石及圆珠项链和随形宝石项链，加工成凸面型宝石一般切磨得很宽大。

琥珀的硬度较小，凸面型款式的加工非常简单，用小刀即可削制成形，用 240# 和 400# 的石英砂纸研磨，一般选用毛呢抛光盘进行抛光，选用任何抛光剂均可获得好的抛光效果。

主要参考文献

周国平，1989，宝石学。中国地质大学出版社。

英国宝石协会，1992，宝石学教程。中国地质大学出版社。

张志纯、邓建民，1977，宝石雕琢大全。台湾徐氏基金会。

张志纯，1979，宝石雕琢术。台湾徐氏基金会。

张志纯，1980，钻石世界。台湾徐氏基金会。